通识简说·科学系列

简说航天

太空行走秘史

顾　问／温儒敏　主　编／赵　榕　赵　洋／著

SPM 南方出版传媒
全国优秀出版社　全国百佳图书出版单位　广东教育出版社
·广　州·

图书在版编目（CIP）数据

简说航天：太空行走秘史／赵榕主编；赵洋著. —广州：广东教育出版社，2019.6
（通识简说. 科学系列）
ISBN 978-7-5548-1705-6

Ⅰ. ①简…　Ⅱ. ①赵…　②赵…　Ⅲ. ①宇宙—青少年读物　Ⅳ. ①P159-49

中国版本图书馆CIP数据核字（2017）第080121号

策　　划：温沁园
责任编辑：邱　方　程　兰
责任技编：涂晓东
版式设计：陈宇丹
封面设计：陈宇丹　关淑斌
插　　图：葛　南

简说航天　太空行走秘史
JIANSHUO HANGTIAN
TAIKONG XINGZOU MISHI
广东教育出版社出版发行
（广州市环市东路472号12-15楼）
邮政编码：510075
网址：http://www.gjs.cn
佛山市浩文彩色印刷有限公司印刷
（广东省佛山市南海区狮山科技工业园A区）
890毫米×1240毫米　32开本　7.25印张　145 000字
2019年6月第1版　2019年6月第1次印刷
ISBN 978-7-5548-1705-6
定价：40.00元
部分图片来源于@视觉中国
质量监督电话：020-87613102　邮箱：gjs-quality@nfcb.com.cn
购书咨询电话：020-87615809

总 序

互联网的出现，尤其是智能手机的使用，让现代人获取知识的方式有了翻天覆地的改变。在我当学生的时候，是真的每天在“读”书，通过大量的阅读，获取第一手的资料，不断思考探究，构建自己的知识体系。而今天呢？一个孩子获取知识，首先想到的是动动手指，问问网络。

学习的方式便捷了，确有好处，但削弱了探寻、发现和积累的过程，学得快，忘得也快。有研究表明，过于依赖互联网会造成人的思维碎片化，大脑结构也会发生微妙的变化，表现为注意力不集中、记忆力减退等。看来我们除了通过网络来学习知识，还得适当阅读纸质书，用最传统的、最“笨”的方法来学习。这也是我一直主张多读书，特别是纸质书的缘故。我们读书必然伴随思考，进而获取知识，这个过程就是在“养性和练脑”，这种经过耕耘收获成果的享受，不是立竿见影的网上获取所能取代的。另外，我也主张别那么功利地读书，而是要读一些自己真正喜欢的书，也就是闲书、杂书，让我们的视野开阔，思维活跃。读书多了，脑子活了，眼界开了，更有助于考试取得好成绩。

有的小读者可能会说，我喜欢读书，但是学校作业很多啊，爸爸妈妈还给我报了很多课外班，我没有那么多时间读“闲书”呀！这个时候，找个“向导”，帮你对阅读书目做一些精选就非常必要了。比如你喜欢天文学，又不知道如何入门，应当先找些什么书来看？又比如你头脑中产生了一个问题——为什么唐代的诗人比别的朝代要多很多呢？这时候你需要先了解唐诗的概况，才能进一步探究下去。在日常的生活和学习过程中，诸如此类的小课题很多，如果有一种书，简单一点、好懂一点，能作为我们在知识海洋里遨游的向导，那就太好了。广东教育出版社出版的“通识简说”，就是一位好“向导”。

这套“通识简说”，特点就是简明扼要、生动有趣，一本薄薄的书就能打开一个学科殿堂的大门。这是一套介绍“通识”的书，也是可以顺藤摸瓜、引发不同领域探究兴趣的书。这套丛书覆盖文学、历史、社会和自然科学的方方面面，第一期先出十种，分为国学和科学两个系列。《回到远古和神仙们聊天——简说中国神话传说》《古人的作文有多精彩——简说古文名篇》《简说动物学——动物明星的生存奥秘》《简说天文学——“外星人”为何保持沉默？》……看到这些书名你就想读了吧？选择其中一本书，说不定就能引起你对这门学科的兴趣，起码也会帮你多接触某一领域的知识，很值得尝试哟。每本书有十多万字，读得快的话，几天就能读完，读起来一点都不累。图书配的漫画插图风趣幽默，又贴合主题，也很有味道。

希望“通识简说”接下来能再出10本、20本、50本，让更多的孩子都来读这套简明、新颖又有趣的书。

温儒敏

（作者系北京大学中文系教授，统编语文教材总主编）

开篇的话

混沌初开、女娲补天、夸父逐日、嫦娥奔月……这些与“天”相关的神话抒发了古人对飞天的向往。从诞生之日起，航天就充满了浪漫主义的色彩。

在“土星5号”火箭大展神威的20世纪60年代，有不少人认为自己已经生活在“太空时代”。其实，他们不过是被苏美太空竞赛的新招迭出弄得眼花缭乱罢了。在那个十年中，仅仅有几十个航天员进入了绕地球轨道、两个人登上了月球而已。商业性质的卫星电视转播还处在萌芽期，全球卫星定位系统只是纸面上的构想，多数应用卫星都是窥测对手虚实的军事侦察卫星……在航天技术能真正惠及百姓之前，航天时代远谈不上已经来临。

50多年后的今天，我们每天都能享受航天科技带来的实时天气预报、电视实况转播和卫星定位，还能吃到太空育种的农产品。目前已经有数百人飞出过地球大气层，预计再过十年，到太空去旅游将成为一项盈利的产业。

“无论如何，人类不会永远停留在摇篮中，他们会小心翼翼地迈出大气层，再步入宇宙空间”——航天之父齐奥尔科夫斯基的预言仍然有效。现在，探索金星和冥王星的探测器早已抵达目的地；太空中的“巴别塔”——国际空间站已然落成。

人类历史上每次对新自然资源的开发都带来了经济的高

速发展。在越来越拥挤的地球上，可供开发的自然资源已经极其有限了。放眼天外，有的卫星表面覆盖着甲烷海洋，有的小行星本身便是丰富的镍铁矿，更不用说取之不尽的太阳能和无处不在的引力势能了。如果这些能为人类所用，人类文明将继续繁荣。在这一波“地理大发现”式的太空探索浪潮中，中国将扮演什么角色呢？也许，郑和、哥伦布或印第安人的角色转换只在一念之差。

太空中有无尽宝藏可供利用，也有无穷的未解之谜等待人类去发现。对太空的探索可增进人类的知识、提升人类的科技水平。各国合作探索太空可加深不同文化间的了解，在各国人民间建立和平的纽带。

太空中也不全是歌舞升平，它是地缘政治的重要战场。美国总统肯尼迪曾坦言：“谁能控制太空，谁就能控制地球。”在近代史上，“陆权论”“海权论”“制空权”等理论先后影响了战争的胜负。航天先驱冯·布劳恩说过：“太空中的领导权，就意味着在地上的领导权。”今天，争夺“制天权”的太空竞赛已不再是会不会发生的问题，而是时间和方式的问题。

600多年前，郑和船队首航西洋，远播天朝国威于蛮荒之地，所得却极为有限，以致象征财富与文明的新航路和新大陆与华夏无缘。大航海时代成就了欧洲文明称雄的五百年。今日，站在航天时代的门槛上，没有人愿意错失良机。对未知太空的探索，将是我们这代人留给未来子孙的永恒遗产。

目录

1 尘封往事

2 天空博弈

3 飞天利器

4 未来太空

1

尘封往事

第一章

太空浮士德：冯·布劳恩

宏文一篇，能抵百万兵？

2007年12月，在纽约曼哈顿富勒大厦6楼宝龙拍卖行有一份标号为3212的文件引起了行家们的注意：手稿有166页，黑色油墨印制，纸张因年代久远而微微泛黄，封面上标有“绝密”字样和1934年4月的日期，正文包含有用工整德文书写的注解文字、公式以及手工绘制的图表。一张标签简洁地标明了手稿的来源：沃纳·冯·布劳恩的博士学位论文。

这份论文的起拍价达到2.75万美元，最后以3.3万美元的价格成交。在收藏界为科学家手稿的行情见涨而议论纷纷时，有行家感慨道：若是在第二次世界大战期间，这篇论文，哪怕是它的复印件都能卖到100万美元以上。因为在当时，布劳恩掌握的火箭知识是第三帝国的最高技术机密，从这份论文中生发出来的“V-2”“V-3”火箭是希特勒指望用来摧毁英国和美国的终极武器。该论文由于被认为是未来发展火箭技术的关键，因此一直被德国军方收藏，直到1960年才解密。其中包含的知识不但价值不菲，更有可能扭转战争的局势，使“二战”提前或推迟结束，关系到数百万人的生命。正如宝龙拍卖行图书和手稿部门的主管凯瑟琳·威廉森表示：“冯·布劳恩的革命性论文改变了世界历史的进程。”

技术顽童

1912年，冯·布劳恩生于德国东普鲁士的一个贵族家庭，是家中的次子。他父亲担任过农业部部长，他的母亲酷爱文学和音乐，能用6种语言熟练会话，还爱好天文学。布劳恩天资聪颖、兴趣广泛，从小就对飞行充满兴趣。小布劳恩曾在柏林大街上进行了生平第一次火箭试验。当时他从一家烟花商店买了6支大号的焰火，绑在自己的滑板车上做助推装置，试验显示他的“火箭”点火后威力惊人，滑板车在飞驰中失去控制，直到火药烧完，车子才停下来，所幸无人受伤。

不久以后，布劳恩读到拉斯维茨的科幻作品《两个行星上》，深深为其中光电感应器、光电池、轨道站、反作用发动机、变轨控制的设想和描绘所吸引，并立志造出能把人送入太空以至月球的火箭。功成名就的冯·布劳恩后来回忆道：“我绝不会忘记，在小时候我是怎样怀着极大的兴趣和好奇心贪婪地读着这本小说的。”

为德国军方效力

1930年春，年轻的布劳恩加入了德国空间旅行协会，并很快成为理事会成员。他还参加了当时在研究上处于领先地位的内贝尔火箭小组的研制活动。1932年春天，布劳恩从工学院毕业，获得航空工程学士学位，接着他转入柏林大学学习。

一天，他与大学火箭俱乐部的成员们做新型火箭试验时，一辆黑色轿车停在他们身边，原来是3名德国军方代表来看他们的试验。试验给军方代表留下深刻印象，他们许诺给布劳恩提供研究经费，条件是布劳恩必须严守秘密，只能将研究成果交给军队。就这样，布劳恩成了一名不穿军装的军方研究人员。

原来，重整军备的纳粹德国为规避《凡尔赛和约》中对远程大炮的限制，转而寻求其他远程武器。在军方的强力支持下，布劳恩团队的研究进展很快。1937年4月，布劳恩选择了偏僻的波罗的海沿岸的佩内明德作为自己的火箭试验基地。“二战”期间，有数万人在佩内明德工作。布劳恩表现出优秀的团队组织与协调能力，使这里发展成为世界上最顶尖的火箭制造和试验机构的所在地。

希特勒曾两次召见布劳恩，对布劳恩的研究项目如何转化为战斗力非常关心。布劳恩在佩内明德的最大研究成果是“V-2”火箭。1942年10月，“V-2”火箭试射成功，它在技术上对现代大型火箭的发展起了承上启下的作用。多年后，布劳恩说：“‘V-2’火箭很好，它唯一的毛病是落在一个错误的行星上了。”在实战中，盟军的防空力量无法拦截“V-2”火箭。这种火箭的生产成本低廉，只是当时一架战斗机成本的1／15。德国大量发射“V–2”火箭，给英国和荷兰造成了巨大损失。战后的资料表明，“V–2”火箭在英国炸死2742人，炸伤6467人，它造成的心理恐慌更是难以估量。

永远的航天狂热分子

德国战败后，布劳恩作为有特殊价值的战俘到达美国。他一度赋闲，但仍不忘通过富于激情的笔调在通俗刊物上发表文章，鼓吹太空飞行的前景。为了用征服太空的计划和美国人拉近关系，甚至还同沃特·迪士尼合作，拍摄了几部太空科教片。

1952年3月，在发行量超过1000万的《科里尔》杂志封面上，出现了一枚货运火箭在太平洋上空攀升的场景。在内文中，布劳恩设想要建造一个轮辐式空间站，数千人在其中生活。为了向这个太空城运送人员物资，有一枚高度超过24层楼房、重达7000吨的火箭充当太空渡船。火箭的头两级配有降落伞，在燃料耗尽后可以在水面上回收，火箭的第三级带有翼翅，可以像滑翔机一样从太空中螺旋式下降，并以飞机的方式着陆。

不难发现，这正是三十年后出现的航天飞机的蓝图。甚至，布劳恩对其功能的设想也被后来的航天飞机设计者采纳——“望远镜主要将用于研究宇宙的外层区域，对宇宙的这种测绘将得到在地球上无法企及的成果。但是这台带摄影机的望远镜也可以转动，拍摄下面的地球，这样一来，‘铁幕’也就不存在了”。这正是后来航天飞机释放哈勃太空望远镜和对地面进行军事侦察的预言。不要忘记，布劳恩是一个经历过战争的、讲究实际的工程师，他在1952年预测：“这种航天器可以改装成一种极其有效的原子弹运载工具……还可以提供军事史上最重要的战术和战略优势。航天器上的人有充足时间发现敌人发射火箭的企图，从而有可能在火箭还没有打到他们之前，就发射反导导弹把它摧毁。”这简直是对1983年“星球大战”计划的精妙预言。

早在1952年，布劳恩就曾提出庞大的载人登火星计划，设计由10艘在太空组装的飞船组成“火星舰队”飞向火星，而登陆需要至少70名航天员。但这只是一个设想，由于轨道问题，实际上飞船从地球出发到达火星最少需飞行4亿公里，相当于几千次到达月球的旅途。后来因为世界局势的变化和经费的问题，这种“太空政治秀”夭折了。2004年年初，美国总统布什宣布了新的航天计划，其中就包含了载人火星登陆计划。可惜这时布劳恩已经去世二十多年了。

发明家+推销员

没有人比布劳恩有更深切的飞天梦想，也没有人比布劳恩更了解政府能帮助自己做什么。当苏联第一颗人造卫星的上天给自诩科技领先的美国朝野泼了一瓢凉水时，布劳恩适时地恳求即将成为美国国防部长的尼尔·迈克尔罗伊："看在上帝的份上，让我们放手去干吧。"结果，他不但将美国第一颗卫星送入太空，还得以加入登月团队，负责打造"土星5号"火箭，"阿波罗"登月任务都是由这种火箭承担发射。布劳恩在二十几岁时就把制造登月火箭作为自己的目标了，年近花甲时，这个梦想终于在肯尼迪总统的支持下实现了。

美国宇航局副署长和冯·布劳恩正在向约翰·肯尼迪总统讲解土星发射系统

布劳恩不仅是一位非凡的工程师和管理人员，也是政治决策上谨慎的领路人。从柏林到华盛顿，他工作的35年里都在经历项目受挫和预算吃紧，但他总能以合理的理由争取到经费；他也一直都是太空狂热者和普通公众之间的桥梁人物，让民主国家的纳税人心甘情愿地支持他的宏大计划。

成功的发明家往往也是成功的推销员，他们总是善于向潜在的资助者和用户推销自己的作品，哪怕这些作品违背自己的善良天性——不这样做他们就没法实现自己更大的抱负。两千年前阿基米德在把军事工具推销给叙拉古国王时是这样做的，500多年前达·芬奇向当权者推销城防工事和军事机械的设计时是这样做的，一个世纪以前爱迪生为了推广直流输电技术而被迫与垄断财团妥协时也是这样做的。

但是，我们无法忘记墨子在说服公输班不要帮助楚国制造云梯攻打宋国时的慷慨陈词："宋无罪而攻之，不可谓仁；知而不争，不可谓忠；争而不得，不可谓强；义不杀少而杀众，不可谓知类。"如果从奉行"兼爱""非攻"的墨家立场出发，"二战"中帮助本国政府攻无罪之国，杀害无辜的人，可谓不仁、不智、不忠、不强、不义了。

为梦想忍辱负重?

布劳恩为纳粹工作的经历历来备受指责，他后来也一直为自己辩解，声称他那时的研究“只为实现个人的航天梦想”。

他的支持者认为，没有纳粹的财力支持，他的研究工作寸步难行，缺乏大量的试验和数据支撑，他的博士毕业论文也会成为无米之炊；但反对者有证据表明，他曾是党卫军少校，尽管他也被党卫军猜疑和拘禁过。他的支持者争辩，在纳粹统治下，德国科学界的很多人都唯命是从；但反对者认为，爱因斯坦等著名科学家都曾主动逃离纳粹的魔爪，而且，在佩内明德试验场中，有两个集中营。布劳恩曾去过布痕瓦尔德集中营挑选精壮劳力。战时设在米拉的“V-2”火箭生产厂雇佣的6万多劳工中，有2.5万人死于疾病、饥饿和折磨。美国历史学家米歇尔评价“V-2”火箭时说：“从某种意义上讲，这是唯一一种在研制过程中致死的人数要多于它杀伤人数的武器。”也许，布劳恩作为“V-2”工程的主管人员应承担道义责任。时至今日，大多数人仍将布劳恩为纳粹工作的11年看作他人生中最大的一个污点。

第二章

五十年前的记忆碎片

——加加林飞天逸事

“先告诉我，他是否活着？”

1961年4月12日，苏联宇航员尤里·加加林乘坐“东方1号”载人宇宙飞船，在轨道上绕地球一周，完成了世界上首次载人宇宙飞行，成为全人类的英雄。50多年过去了，我们依然记得他曾说过：“无论在任何时期，对人类而言，最大的幸福莫过于投身新发现。”

在1961年4月12日之前的苏联，即便在航天系统内部，也没有人预料到人们会产生对宇航员的关注乃至崇拜。赫鲁晓夫之子，航天专家谢尔盖·赫鲁晓夫回忆1961年春天弥漫在苏联航天界的气氛：

> 当时宇航员的姓名是只字不提的，也没有人对此感兴趣。要紧的是上太空，是第一个人在太空飞行。

苏联载人航天计划的总设计师科罗廖夫不希望宇航员来操作“东方1号”飞船。他的小心谨慎是有充分根据的，那时没人知道在失重状态下人会出现怎样的反应。曾有人担心从超重（发射过程中）到失重的切换带来的感觉上的急剧变化可能导致宇航员发疯。

也许正因为此，苏联飞船设计师倾向于让飞船在自动驾驶仪的控制下飞行。在20世纪50年代末到60年代初，苏联至少57次发射“太空犬”上天，狗狗们自然不会操控飞船。或许苏联人认为人类宇航员乘坐的飞船也应该受外部遥控。

即便如此，“东方1号”飞船的控制台上还是安设了手动控制装置和一个自动/手动切换开关，以便在出现紧急情况时，宇航员能够马上接管飞船的控制权。这个手动控制功能被预先锁死了，加加林只有打开一个密封的信封，找出并输入密码，才能控制飞船。

尤里·加加林（左）和谢尔盖·科罗廖夫（右）

他们的竞争对手美国人则充分信任并发挥宇航员的能动性，他们的“水星”飞船从第一次进行载人发射起就是由宇航员人工控制。

美国人在民用航天项目上一如既往地透明，他们仿佛没有吸取首颗人造卫星被苏联抢先发射的“教训”，在把第一个美国人送上太空之前又高调宣布发射时间定在1961

年5月上旬。从苏共中央总书记到总设计师都希望“东方1号”能在这之前发射。科罗廖夫进一步提出要在“五一”国际劳动节之前发射并返回——这样宇航员就能出现在节日庆典上。但发生在半年前（1960年10月24日）的P-16导弹爆炸事故的阴影在赫鲁晓夫心头挥之不去。那次事故导致包括战略火箭军司令涅杰林元帅在内的上百人丧生。而且，就在1961年3月23日（距加加林飞天仅三周），苏联宇航员梯队中最年轻的一位——25岁的邦达连科在压力隔离舱内进行试验时，因突发的火灾被烧伤而死。这是第一位在训练中牺牲的宇航员，当时陪同他奔往医院的人中就有加加林。苏联航天已不能再次承受死亡之重。

赫鲁晓夫建议把发射时间推迟。科罗廖夫不打算推迟，那样很可能因为不可预见的突发事件导致发射计划落后于美国。他权衡了几个日夜，最后给赫鲁晓夫打电话，明确说他们准备在4月12日发射。

4月12日那天，赫鲁晓夫焦虑不安地在电话旁守候了一个半小时，铃声一响，他抓起电话，一听是科罗廖夫的声音，总书记几乎是喊着问总设计师：

“先告诉我，他是否活着？”

当时塔斯社准备了三份新闻稿，一份是宇航员成功返回，另两份分别是飞船未进入轨道以及飞船失事、宇航员罹难。赫鲁晓夫其实已经做好准备面对可能出现的任何事故。下野后的赫鲁晓夫在回忆录中这样记述："科学是通过牺牲来开辟道路的，没有办法，牺牲是不可避免的，如果因为牺牲就止步不前，就会对征服太空起阻碍作用。人类为进步付出代价，甚至是付出像人的生命这样昂贵的代价。"

"让他高兴高兴吧！"

加加林108分钟的太空之旅险象环生：飞船气密传感器发生故障（为此，发射前的数分钟内不得不先松开然后重新拧紧舱盖上的32个螺栓）、通信线路一度中断（本来应显示代表平安的信号"5"，结果跳出个表示飞船失事的数字"3"）、第三级火箭脱离后飞船开始急剧旋转、返回时还惊现飞船胡乱翻滚的一幕……

苏联为第一次载人航天飞行准备了一支11人的宇航员梯队，理论上其中每个人都有可能成为飞天第一人。因为加加林在飞天前已是两个女儿的父亲，曾有人建议让尚未有子嗣的另一位宇航员盖尔曼·蒂托夫替换加加林。但是科罗廖夫坚持让加加林上，并亲自对他进行了飞行前的测试。加加林出色的表现证明科罗廖夫的选择是正确的。但直到发射前，媒体和公众还不知道加加林这个人的存在。

据说，为了避免宇航员落入敌对国家领土进而发生叛逃事件，"东方1号"飞船上安装了遥控炸弹，科罗廖夫和加加林各掌握两段炸弹引信解除密码中的一半。出于对加加林的信任，科罗廖夫在飞船发射前把自己知道的那一半密码告诉了加加林。

飞船的返回并不顺利。预定的降落位置应为莫斯科以南400千米，但实际降落地点为莫斯科以南800千米的一片耕地中。落地后加加林还不敢相信自己已经安然返回地球："地犁得很松，很柔软，甚至还未干。我甚至未感觉到着地。我简直不相信我已经站立着。"据说加加林穿着橙色飞行服向一名妇女和一个牵着一头牛犊的小女孩走去，当他被问到是否来自太空时，加加林微笑着说："是的，我来自太空。"加加林发现周围没有搜救人员接应他，于是用通信设备与指挥控制中心联系，报告自己的位置。一小时后搜救人员发现了他。

为了确保这次太空飞行能够申请世界纪录，苏联当局隐瞒了加加林的降落方式，声称加加林乘坐密封舱着陆，而事实是加加林是在飞船降落到一定高度时被弹射出舱，使用降落伞单人降落。

为嘉奖勇敢的宇航员，国防部长马利洛夫斯基建议提前授予加加林上尉以大尉军衔和"苏联英雄"称号。赫鲁晓夫则出于对这位优秀小伙子的欣赏与厚爱，说"让他高兴高兴吧"，让工作人员在第一时间通知刚刚着陆的加加林，他已经是"苏联英雄"，军衔则是连升两级的少校。

神器“东方1号”

安全来自过硬的质量。到1961年时，已经发射了六艘供测试用的“东方1号”飞船，其中三次失败，导致四只试验太空犬身亡。仅飞船舱盖密封性试验就进行了50次，箭船分离试验进行了15次，返回舱与动力舱的分离试验进行了5次。返回舱曾被安–12运输机载到12 000米高空进行减速伞和宇航员弹射系统的测试。生命保障系统分别在图–104运输机和加热舱内进行测试。宇航员弹射座椅在几十米到4千米的高度之间进行过大量测试，其中一次一位宇航员在弹出时一头撞在座舱盖上，不幸身亡……

由于时间的问题，“东方1号”飞船上的设备一切从简。飞船上没有后来载人飞船必备的陀螺仪。宇航员需要根据时钟判断飞船与地球的相对位置，寻找再入大气层的时机。姿态控制系统也不像今天的飞船一样用微型火箭推动，而是用罐装的压缩气体提供反冲力。飞船的主发动机也没有重复点火能力。由于上述种种限制，“东方1号”飞船只能进行一次再入，没有出错的余地。科罗廖夫的冒险是值得的，他比美国人早三个星期把人送上太空。

这样的飞船乘坐起来也不会舒服。球形的返回舱在再入大气层时会一边自由落体一边滚转，宇航员也因离心力作用被甩向舱壁。加加林后来回忆这种旋转：“我是一个完整的芭蕾舞团——头，然后是脚快速旋转。每样东西都在转。”因为采用弹道式再入轨迹，过载高达8g，而加加林自述可能有10g。后来的美国“双子座”“阿波罗”和苏联“联盟”飞船的再入过载仅为3g左右，舒服多了。

就是这样简陋的“东方1号”飞船，不仅成功地将人类首次送入太空并安全带回，还发展成为一个大家族。在超过30年的岁月中，从“东方1号”飞船衍生出了军用照相侦察卫星、地球资源卫星、地理测绘卫星、生物实验卫星等各种航天器型号。

加加林成为传奇

加加林回到地球后，在媒体铺天盖地的宣传中迅速成为国际名人和人类英雄。他的健康和安全对于国家来说十分重要，他不再有机会重返太空。（出于同样的考虑，美国总统肯尼迪也曾决定不让第一个环绕地球飞行的美国宇航员约翰·格伦重返太空。可惜肯尼迪没能看到后来约翰·格伦以77岁高龄乘航天飞机重返太空，再次创造历史）

但是在加加林的战友科马洛夫殒命蓝天之后，为提升人们对苏联航天的信心，加加林重披战袍，被选为下次太空飞行的宇航员。那时他已经有5个多月没有驾驶过喷气式飞机了。为此，他开始恢复飞行训练，直到那个黑色的日子到来。1968年3月27日，加加林和飞行教练员谢廖金在一次例行训练飞行中，因飞机坠毁而罹难。

对于苏联航天人来说，加加林已经超凡入圣，成为航天事业的殉道者和圣徒。他在“星城”的办公室仍保持着他刚刚离开时的样子。时钟的指针指向飞机坠毁的早上10点31分。新晋宇航员在出征之前总要到这个办公室拜谒，并在返回地球后到他的塑像前献花，就像信徒还愿一般。在“联盟”飞船及“和平号”空间站乃至国际空间站上，总有某个角落挂着加加林的肖像。

加加林的影响力没有局限在航天界。在喧嚣的20世纪60年代，他成为象征人类进步的先锋楷模。从英国首相到美国总统，达官显贵都对这位毕业于莫斯科州技校的铸造工人表达着敬意。他更是普通人的英雄，美国的工人和西班牙的共产主义者都给他写信倾诉仰慕之情；利比里亚人给他穿上民族服装，当地部落宣布他为自己的领袖；更不用说遍及苏联大地的工农兵们对他的爱戴了。

2011年4月5日，英国文化委员会宣布，为庆祝尤里·加加林成功进行首次人类太空飞行50周年，将在伦敦市中心树立加加林雕像，该雕像会与英国探险家库克船长的雕像相对。

以库克麾下舰只“发现号”命名的同名航天飞机已结束历史使命，载人航天事业也将翻开新的一页。加加林的胆略、勇气和机敏，将像历史上那些著名开拓者一样，激励人们继续探索前沿与未知领域，激励人们在各个领域开拓新的边疆。

附：

“东方1号”发射前，加加林通过苏联媒体向全人类发表的讲话

尊敬的朋友们、亲人们、素不相识的人们、同胞们、各国各大洲的人们！几分钟后，强大的宇宙飞船将把我送入遥远的宇宙空间。在起飞前这屈指可数的几分钟里，我想要对你们说些什么呢？

我的一生，此刻在我看来，只是一个美好的瞬间。先前所经历过、所做过的一切，似乎都是为了如今这一时刻的降临。你们也能理解，考验的时刻即将到来，我们为此做了长期的准备，投入了极大的热情。此刻，我很难理清自己的思绪。当我被告知将完成历史上的首次载人飞行时，那一刻的心情没有必要说出来。高兴？不，不仅是高兴。骄傲？不，还不完全是骄傲。我感到非常幸福。我将成为进入太空的第一人，与自然界进行从未有过的一对一的较量，我还能奢求更多吗？

在幸福之余，我开始思考降临到我头上的重大责任。我将第一个去实现数代人的理想、第一个去铺设人类通往

宇宙的道路……请告诉我还有比我所承担的任务更复杂的吗？这不是对一个人、数百人、一个集体负责。这是对全苏联人民、全人类、对人类的今天和未来负责。尽管责任重大，但我还是接受了这一任务，只因为我是一名共产党员。我的同胞即苏联人民表现出的无与伦比的英雄主义，是我的榜样。我知道，我将尽己所能，最出色地完成任务。我知道这一任务责任重大，我将尽力完成共产党和苏联人民交给我的任务。

即将展开太空之旅的我是否幸福？当然，我很幸福。无论在任何时期，对人类而言，最大的幸福莫过于投身新发现。我想将首次太空飞行献给共产主义社会的人们，苏联人民已经进入了共产主义，我相信，全球所有人都将步入共产主义社会。

离起飞只有几分钟了。我要对你们，亲爱的朋友们，说再见了，在踏上漫漫征程前，人们总是这样告别。我很想拥抱所有人，无论是熟人还是陌生人、远在天边还是近在咫尺！

希望我们很快会重逢！

1961年4月12日

第三章

飞向月球的红星

——苏联载人登月计划揭秘

拥有第一颗人造卫星、第一名航天员、第一颗人造月球卫星的苏联，为何在登月竞赛中落在了美国的后面？苏联政府一直否认自己有登月计划，但随着时间的推移，一些当事人说出了事情的真相：苏联的确有一个规模庞大的登月计划，而且距成功仅一步之遥。

苏联第一辆月球车——“月球车1号”，它是苏联发射成功的世界上第一辆成功运行的遥控月球车

年轻人的梦想

早在19世纪末，俄国的“现代航天之父”齐奥尔科夫斯基就提出了用多级火箭探测月球的设想。他说：“地球是人类的摇篮，但人类绝不会永远躺在摇篮中。他会不

断探索新的天体和空间。人类首先将小心翼翼地穿过大气层，然后再去征服太阳系空间……”

1923年，15岁的乌克兰少年B.П.格鲁什柯在科幻小说和航天科普书籍的双重影响下，鼓起勇气写信给他仰慕已久的齐奥尔科夫斯基，表达了自己献身星际航行的愿望。齐奥尔夫斯基给他写了热情洋溢的回信。从此二人保持了多年的通信联系。

1929年，瓦工出身的年轻人C.П.科罗廖夫与齐奥尔科夫斯基结识了。在齐奥尔科夫斯基的影响下，原来热衷于玩航空模型的科罗廖夫开始热心于液体火箭的研究与制作，并且对太空探索产生了浓厚的兴趣。

时光荏苒，到了20多年后的20世纪50年代，当年的热血青年已成为苏联第一枚洲际导弹的总设计师。科罗廖夫和格鲁什柯先后出任专门研制弹道导弹与火箭的特种设计局的负责人。

苏联航天屡创“第一”

1958年年初，在成功发射人类第一颗人造地球卫星后仅三个月，苏联官方正式确定实施“月球工程”。计划以无人探测器为先导，最终实现航天员的登月，为将来在月球上建立科研基地打下基础。到1958年年底，特种设计局已把发射人造地球卫星的运载火箭改造成可以发射月球探测器的“东方号”火箭。次年1月2日，“月球1号”从距月面5000千米处飞过，这又创造了一个苏联航天的“世界第一”。在飞向月球途中，“月球1号”释放出钠蒸气，弥散成云后宛若彗星。“人造彗星”的亮度达到了4.5等，视力好的人可以从地面看到它。这向全世界宣告着苏联对月球的接近。

随后，“月球2号”击中月球，探明月球没有磁场，它成为第一个接触月宫的人造物体。不久，“月球3号”绕到月球背面，拍摄到月背70%的区域，人类也首次得以目睹神秘的月球背面。

灾难降临

开拓者的道路并非永远一帆风顺。1960年10月24日，在拜科努尔航天中心41号发射台上，又一枚火箭蓄势待发。当技术人员对火箭进行最后检查时，意外发生了——火箭突然发生剧烈爆炸，发射场顷刻之间成为一片火海，前来视察发射活动的战略火箭军司令员涅杰林元帅及在场的164名工作人员全部丧生。事后，苏联当局称涅杰林元帅死于空难，而此次航天史上最为严重的伤亡事故也被报道为45人死亡。

这次因控制电路短路引发的重大事故使苏联雄心勃勃的探月计划受到重创。在接下来的两年里，苏联没有再发射月球火箭。

20世纪60年代初，血气方刚的约翰·肯尼迪就任美国总统。他上台伊始，就批准了美国宇航局的登月计划，并在公开讲话中提出要在60年代内把美国人送上月球。在航天领域一直领先于美国的苏联人自然不甘示弱，1964年，他们把目标内定为抢在美国之前登月。一场政治色彩颇浓的登月竞赛就这样展开了。

首先，特种设计局论证了大推力运载火箭的可行性，随后构想出一种五级巨型火箭“N-1号”。在设计过程中，科罗廖夫与格鲁什柯关于第一级火箭设计方案的意见发生分歧。到1966年最后定型时采取了二人的折中方案，第一级火箭装30台发动机，总推力为45 000千牛（美国的登月火箭“土星5号”是33 000千牛）。代号“N-1”的载人登月火箭方案几经修改，有效载荷也从50吨增至98吨。相比之下，美国的“土星5号”有效载荷高达127吨。

走出1960年大爆炸阴影的苏联航天部门经长时间准备，于1963年恢复了探月计划。他们把目标定在高难度的软着陆上，以便为航天员登月积累技术。经过一系列发射，1966年2月3日“月球9号”成功软着陆于月球风暴洋地区，苏联又一次居于领先地位。但月球火箭的总设计师没能亲眼见到它的成功，科罗廖夫已经在这一年的1月14日去世。为了纪念他的功绩，月球背面最大的环形山被命名为“科罗廖夫山”。

复杂的苏联登月方案

登月计划仍在紧锣密鼓地进行着。1966年，已有18名苏联航天员在进行模拟绕月飞行和着陆训练，他们计划在1968年12月完成首次绕月飞行。什么原因使这个计划没能实现呢？还是让我们先看看苏联的登月方案吧：

首先，“N-1”火箭把载有一名航天员的登月舱送往月球表面。与此同时，发射一枚“质子号”火箭，把载有另一名航天员的返回舱送入绕月轨道。第一名航天员将在月球表面停留4小时，其中包括2小时的舱外行走。完成登月任务后，他乘坐登月舱的上升段与绕月轨道上的返回舱对接。登月航天员进入返回舱后，上升段被抛掉，二人同乘返回舱轻装返航。

返回地球的飞行充满了危险，尤其是进入大气层时，如果飞船姿态控制不好，会像流星一样烧毁。速度达到11千米/秒的飞船也不能采用普通探测器的弹道式再入。如果以这种方式进入大气层，最大过载将达到350g（“月球16号”探测器的再入就是这种情况）！这相当于20多吨的重量作用在航天员身上，不把人压得粉身碎骨才怪！因此，月球飞船的返回飞行轨道是经过精心设计的“跳跃式”再入。飞船进入大气层后，因升力大于重力，它将被大气“弹”回宇宙空间，随后速度已大大降低的飞船再进入大气层，过载只有4~9g，航天员完全可以承受。1968年11月17日，无人飞行器“探测器6号”成功采用“跳跃式”再入软着陆于苏联境内。登月飞船使用这种经过验证的技术应该不会有什么问题。专家把着陆点定在哈萨克斯坦的大草原或黑海海面上，整个任务完成需要6到8天。

苏联采用比美国阿波罗登月复杂得多的登月方案也是迫不得已——“N–1”火箭的有效载荷不够大，只能把飞船拆开分别发射，进行太空交会对接。为减轻重量，苏联还决定只让一名航天员着陆月球，另一人在绕月轨道接应。设计人员甚至还考虑了由此带来的麻烦：万一单枪匹马的航天员摔倒在月面上怎么办？臃肿的航天服会严重妨碍航天员独立站起。因此设计师专门在宇航服后背安装了弹簧装置，以便在这种情况发生时救航天员一命。因为美国“阿波罗计划”是三人乘员组，其中二人登月，两个人同时摔倒可能性不大，所以如果没有这方面的顾虑，航天服上也就没有类似装置。

不争气的“N–1”火箭

回到登月竞赛。1968年5月，“N–1”火箭已屹立在拜科努尔航天中心的一号发射台。但还没发射，塔架上的第一级火箭就出现了裂缝，只好送回工厂检修。苏联人就这样丧失了宝贵的时间，被美国的“阿波罗8号”飞船抢先实现了载人绕月飞行。

1969年2月21日，为节省时间与经费，“N-1”火箭未经任何地面试验就进行了首次不载人的发射。点火后仅一分钟，第一级火箭就因为发动机减压而发生爆炸。经过一些设计改动，第二枚无人“N-1”火箭在1969年7月3日匆忙发射。这时距美国“阿波罗11号”飞船的预计发射时间只有13天了，苏联还有取胜的希望。但命运女神终究没有垂青苏联人。点火后8秒，第一级发动机的一台液氧涡轮泵就发生异常，造成发动机关闭，高达103米的“N-1”火箭倒向发射台，2000多吨高能燃料把一号发射台炸得粉碎。好在逃逸系统及时工作，把有效载荷舱安全投到距发射台1000米处。本来就不顺利的苏联登月计划再次雪上加霜。可以说，如果这次发射试验成功，第一个登上月球的不一定是美国人。但一切都晚了。13天后，“阿波罗11号”飞船已经一路高奏凯歌飞向月球了。苏联是当时少数几个没有对此进行电视实况转播的国家之一。

经过两年的休整，无人“N-1”火箭的第三次发射在1971年6月27日进行。火箭飞行了250米后，制导系统失灵，火箭错误地绕纵轴旋转，使二、三级间的连接断裂。经过这次失败，技术人员只好对“N-1”火箭的制导系统进行改进。

经历了三次重大事故的“N-1计划”仍在进行，但因为已经落后美国太多（到1972年12月美国已成功进行6次载人登月），苏联政府已基本放弃了载人登月计划，并以成本低得多的无人探测取而代之。

“N-1”火箭第四次也是最后一次发射是在1972年11月23日进行的。这可算“N-1”火箭试验最成功的一次，但成功也只维持了不到2分钟，发射后107秒，火箭的一、二级出现震颤，第一级发动机还提前关机了40秒。控制人员只得忍痛将其炸毁。

1974年5月，格鲁什柯接替米申成为特种设计局的第三任负责人。他早就看出“N-1”火箭已没有发展前途，便果断地取消了原定于1974年8月和年底的两次“N-1”试验。他并不是登月计划的反对者，直到1976年他还在向政府提议进行月球科研基地预研。但当时工作的重点已转向近地空间站，这个要求因技术困难和经费不足未获批准。

无人探月另辟蹊径

虽然苏联载人月球探测屡遭挫折，但无人月球探测一直在按部就班地进行着。1970年9月12日，“月球16号”把通过钻岩机采集的100克月球土壤带回地球，使苏联成为第二个得到月球样本的国家，多少挽回了一点登月未果的面子。1970年11月17日，“月球17号”把一辆无人月球车放在月面上。它工作了11个月，行走范围达8万平方米，拍摄了月面360度全景图，测量了月表物理化学性质，还安放了一些科学仪器。“月球21号”探测器携带的“月球车2号”的行程更是达37千米。这些成就与“阿波罗”登月相比并不逊色。

1976年8月18日，苏联最后一个月球探测器“月球24号”着陆于月面北纬12° 45″，东经62° 12″，它带着170克月表下2米的样本降落在西伯利亚地区。

“月球24号”给苏联的月球探测计划画上了一个完满的句号。虽然载人登月没能成功，但无人探测器几乎完成了所有登月航天员能完成的工作（除了宣传效果）。现在，发射过“月球15号”至“月球24号”的质子号火箭仍在拜科努尔用于商业发射。但剩下的两枚“N-1”火箭就没有那么幸运了。它巨大的外壳（直径达17米）被改建成飞机库和工厂厂房，仪器也被拆下来用在别处。只有那三个镶着红星和苏联国旗的崭新的登月舱完整地保存了下来。它们静静地躺在特种设计局的研究所中，仿佛向世人述说着那段逝去的辉煌与无奈……

第四章

“阿波罗”的遗产

科技遗产

经过六次“阿波罗”登月行动，月球表面特性、物质化学成分、光学特性被逐一揭示，宇航员还利用仪器测量了月球重力、磁场、月震的数据。科学界对月球是如何形成的达成了共识——地球形成早期一块地幔进入绕地轨道，不断与轨道上的物质碰撞、融合，形成了月球。经过多次月面行走和驾车考察，科学家、工程师和宇航员学会了如何开发和实践行星野外地质学的技术与科学探索。40年前宇航员带回的月球岩石至今仍具价值。结合近年来绕月轨道飞行器所采集的矿物成分等信息，这些标本可以为月球起源、太阳系起源及

“阿波罗8号”发射

地球生命起源等多项研究提供线索。

与推动科学的进步相比，“阿波罗”的技术遗产更让人敬仰。

在科幻影片《钢铁苍穹》中，一部智能手机的计算能力比月球基地的巨型计算机还强大。这不是故意搞笑。其实当年“阿波罗”飞船上全部计算能力加起来也不如一部智能手机。“阿波罗”登月所采用的技术用今天的标准来衡量显得粗糙简陋，例如飞船计算机的只读存储芯片是一个叫“小老太太”的小组手工制作的。

实现奇迹的主要原因在于人而不在于技术。全靠美国宇航局局长袖善舞，才能在和平时期完成了这样一项技术壮举。十年间，太空行走、交会对接、多人多天太空生存、月面软着陆、地月往返、月球车等技术难关被逐一攻克。人类历史上从未有过如此多的技术难题在这么短的时间内得到解决，而耗资却如此之少（20世纪60年代的250亿美元，相当于2005年的1350亿美元，多年来一直占据了美国联邦预算的约5%）。

技术史学家认为，“阿波罗”的成功应归功于一场管理革命，它把政府、工业界和大学凝聚在一起。新的体制和方法指导着50万人在不同的时间地点为同一目标工作。“阿波罗15号”的指令长大卫·斯科特认为：“‘阿波罗’计划的主要成功之处在于其‘文化’，参与人员为一个有意义的共同目标协同工作的精神；鼓励每个人大胆地说，表达自己的意见或提出想法，不必担心受到惩罚或报复。”“曼哈顿工程”的组织者奥本海默就“大技术”工程曾发表过以下见解：“我们知道，避免错误的唯一办法是找到错误，而找出错误的唯一办法是集思广益。我们也知道，由于保密而未被查出的错误将会泛滥开来，并将一切破坏殆尽。”这些简单的道理或许能够解释为何美国在登月竞赛中获胜而苏联落败。

有很多曾经为“阿波罗”登月而研发的技术如今已经作为副产品被应用到民间中；气垫式运动鞋的“中空吹塑成型”制造技术便来源于“阿波罗”计划中宇航服的制作技术；“阿波罗”计划最先利用食品冻干技术使宇航员吃上含蔬菜的航天食品，现在这种保存食物的方法也为军人、探险家和户外爱好者提供了便利；为登月开发的计算机图像增强技术，已用于医院的计算机断层扫描CT和核磁共振的图像处理；宇航员身着的液冷空调服——服装夹层密布管网，管网中流动着可以控制温度的液体——今天穿在了消防队员、核反应堆技术工人和造船工人身上，患有多发性硬化症和大脑性麻痹的病人也可以穿上类似的服装以降低体温。

“阿波罗”计划对社会的影响更多是潜移默化的。当时为保障计划成功提出的需求，促使气象预报、通信、计算机、电子和医疗等产生了极大进步，并惠及今人。有人计算过，“阿波罗”计划的投入产出比高达1：14，推动了从医药到金属制造业等几十种行业的发展，航天工业从此成为美国的领先产业。更重要的是，“阿波罗”计划还引领了科技进步推动产业繁荣的浪潮，也为此后美国鼓励大学的科研成果社会化和产业化法案的出台奠定了基础。

文化遗产

1962年9月12日，美国总统肯尼迪在赖斯大学发表了题为“我们选择登月”的演说，他说：“太空值得全人类尽最大的努力去征服。有些人问，为什么是月球？为什么选择登月作为我们的目标？他们也许会问为什么我们要登上最高的山。35年前，为什么要飞越大西洋？我们决定登月，我们决定在这个十年间登月，不是因为它们简单，而是因为它们困难。”在来自最高层决心的鼓舞下，美国这架大机器发动了。“阿波罗”计划对当时美国进展缓慢的航天事业起了巨大的激励作用。美国各界纷纷献计献策，结果只用了8年时间，就把人送上了月球。

美国人决定登月的根本驱动力来自苏联太空优势的压力，然后是对未知领域的好奇。这种向未知领域进军的气魄根植于“五月花号”的冒险传统和西进运动的拓荒精神。从1960年决定实施登月计划到1972年12月“阿波罗

17号”安全返回地球，美国共进行了7次登月飞行（其中“阿波罗13号”因飞船故障未能登月），总共有7批21名宇航员飞向月球，12人踏上月球表面。他们在月球上安装了5座核动力科学实验站和6个地震仪，开过3辆月球车，带回472千克月球岩石和土壤样本，分赠全世界七十多个国家进行研究。时至今日，“阿波罗”已经变成全人类共同的精神财富，成为勇气、理性与探索精神的同义词。

美国著名科幻小说家雷·布雷德布利曾用诗意的语言写下登月成功对人类的深远意义：“距今一万年后，未来的人们回顾时会说，1969年7月是人类历史上最伟大的月份。数百万年来我们一直被束缚在地球上，期待某一天能够登上月球。最终，我们冲破束缚获得自由，人类的精英在那一晚飞进太空，并将永不停止地继续向前飞翔。”

何日君再来

既然“阿波罗”计划如此成功，为何40多年来一直没有派宇航员再次登月？最根本原因是登月竞赛的时代背景消失了。冷战已经结束，敌对的大国不再需要采取类似行为宣示实力、威慑对方。何况月球已经“被征服”过了，再次登月总要做出新意来，否则意义也不大。当年苏联就是在美国登月成功后放弃了载人登月计划，转而主攻无人探月器落月。当时看来，宇航员在月球上可以做的事，机器人基本能够代劳，暂时没有必要让人冒巨大风险奔赴月球。

在2010年美国总统奥巴马公布的新太空探索计划中，“星座计划”这一旨在使美国宇航员于2020年重返月球的计划几乎被全盘否定。这曾引起包括阿姆斯特朗在内的众多“阿波罗”计划参与者的强烈不满。但奥巴马的决策也是基于航天界专家的分析。已经有12位美国人上过月球了，再花几千亿美元登月，在纳税人和选民中间不会得到广泛响应。相比较重返月球任务，登陆小行星的载人飞行计划的前景在广大的年轻人中间更能引起兴趣和共鸣。美国21世纪载人航天的最大目标是登陆火星，登陆小行星与登陆火星的技术相似，而与登月相差很远。在资金、资源有限的情况下，月球已经成为美国载人火星探索的绊脚石。

对于其他航天大国而言，载人航天的发展方向何在？是亦步亦趋地跟在先行者后面踏实求稳，还是占领科技与战略的制高点，为人类做出独特的贡献？这是一个值得深思的问题。

在“阿波罗”计划实施时，美国社会不乏有对它的批评者。他们曾质问：“当世界上还存在贫穷、疾病、仇恨的时候，美国为什么要耗费那么多资源把宇航员送上月球？”现在看来，他们或许抛出了一个错误的问题。在做开创性事业前解决一切问题不是我们人类的本性，否则我们永远不会拥有印象主义作品、相对论或金字塔。其实登陆月球也并非终极目的，它只是人类通达未来的手段。

1994年，在“阿波罗11号”登月25周年庆祝会上，与会者不禁想到，当登月50周年、100周年的纪念日到来时，人类的子孙会怎样看待登月壮举呢？他们会把人类在登月中所创造的辉煌看成是推动生活进一步前进的试金石呢，还是会像公元7世纪时偶然见到罗马帝国留下的巨大水渠和其他风化中的壮丽古典建筑的欧洲人一样，惊讶地问：“我们竟修建过如此辉煌的东西？”也许五百年后没有人会记得20世纪的大萧条和旷日持久的战争，但未来的人们会像今人记住1492年哥伦布的发现之旅一样，铭记1969年“阿波罗11号”的历史性航程，会永远歌颂第一个登上月球的人，会反复回味他的名言：“对个人来说，这是一小步，但对人类来说，这是巨大的飞跃。”

第五章

太空行走秘史

2008年9月，“神舟七号”载人飞船载着三名航天员，完成了中国首次太空行走任务。虽然这次出舱活动比苏美两国的尝试晚了30多年，但中国仍作为第三个有能力把人安全送入开放太空的国家而永载史册。回溯历史，翱翔天际乃至在群星间遨游是古往今来无数人的梦想，但只有在近代科技发展起来以后，这个梦想才能成为现实。

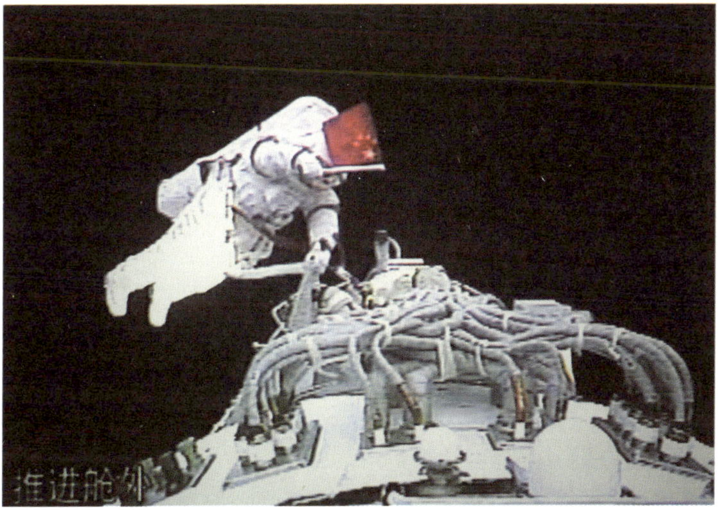

2008年9月27日16时50分左右，“神舟七号”航天员翟志刚成功出舱行走

太空行走史前史

1. 飞天的梦想

不想飞的人算不得真正有梦想的人。飞的事迹史不绝书：嫦娥曾占用丈夫的名额飞向月球；“墨子为木鸢，三

年而成，飞一日而败”；就连五帝之一的舜也曾手持斗笠纵身一跃，“有似鸟张翅而下，得不损伤”。

科学革命以后，对飞行的渴望延伸到大气层以外。1638年，约翰·威尔金斯在《发现新世界》一书中描绘了人类在低重力环境下月球行走的样子：“站在月球上，就像站在地面上一样稳……移动速度比任何地球生物都要快。”身临其境的描述可媲美1969年人类登月时电视主持人的解说。后来的凡尔纳、威尔斯都继承了这一科学幻想传统，描述过人在失重状态下的行为。但第一个在科学意义上提出太空行走设想的人非俄国“宇航之父”齐奥尔科夫斯基莫属。他在《太空漫游》一书中以插图的形式画出了身着宇航服的人使用气闸舱进行出舱活动的情景。书中技术细节之丰富不禁令人感叹这名先知竟然生活在连飞机都没有问世的一个多世纪以前。

2. 人能在太空生存吗？

幻想归幻想，当苏联把第一颗人造卫星发射到美国头顶上时，这两个被太空成就激励起来的国家都开始认真考虑如何把人送入太空了。当时有科学家认为事情未必像科幻小说里描述的那么简单，太空中有害的辐射和强烈的温差很可能会置人于死地，哪怕他躲在金属飞船里。于是要进行试验，而当事情关乎国家利益时，不会有人再去考虑动物的权益。一批动物被“V-2”火箭、拆掉弹头的导弹和人造卫星送入太空。在这场太空生存实验中，苏联人偏爱狗（也许是继承了巴甫洛夫实验的传统），而美国人钟情于更接近人类的黑猩猩。由于技术所限，它们大多没能活着返回地面。以人类的观点看，这些牺牲是值得的。既然实验证明了哺乳动物能够在太空中生存，那么人应该也不特殊。

跌跌撞撞步入太空

1. 星星更加明亮，也不闪烁

加加林在1961年4月12日看到了有史以来最明亮的星空，那时他与星星之间比我们少了一层大气的阻隔。除了“我感觉很好”这类例行公事的汇报，他还向地面人员描述着：“天空完全是漆黑漆黑的，地平线是优美的浅蓝色。”很快就有人看到了更加灿烂的星空：苏联为夺取太空行走的“第一”称号，冒险用技术尚不成熟的“上升2号”飞船把列昂诺夫送入太空时，列昂诺夫小心翼翼地飘到飞船5米外，“屏住呼吸，看着布满星星的漆黑太空发生急剧变化……星星比地面上看到的多得多，更加明亮，也不闪烁”。这时他与星星之间的距离比加加林还少一层飞船的舷窗。

2.“你不会来拽我的手吧？”

从加加林进入太空的那一刻起，美国人知道自己又落后了。但他们决定后发先至，很快宣布要在十年内登上月球。这意味着他们还有太空行走、交会对接等一大堆难关需要攻克。第一个出舱行走的美国人是爱德华·怀特，他在列昂诺夫后三个月进入太空，从容地在太空里飘浮了20分钟，其间用喷气枪控制身体的运动，自由飘浮，十分惬意。当指令长提醒他回舱的时间已到时，意犹未尽的怀特警觉地说："你不会来拽我的手吧？"

3."这个挑战是我们要赢的挑战"

美国也许输掉了太空竞赛前期的所有对局，但他们知道，只要能在最后一局扳回，之前的那些比赛就只能算热身，没有人还会记得。在这一信念推动下，肯尼迪总统把最后一局的比分定得很高。1962年9月12日，他在赖斯大学发表了题为"我们选择登月"的演讲："太空值得全人类尽最大的努力去征服……我们决定登月……不是因为它们简单，而是因为它们困难……这个挑战是我们不愿意推迟的挑战，是我们要赢的挑战。"美国这架大机器发动了。

4."闭嘴，给我一只香蕉"

登月意味着宇航员要长时间暴露在月球表面微重力的真空环境中，这是另一种形式的太空行走，之前还无人尝试过。对潜水颇有心得的美国宇航员斯科特·卡彭特认为潜水带来的失重感与太空飞行差不多。在他被任命为"阿波罗”应用计划分部主任后，开始大力推进宇航员水下训练。

最先受益于水下训练的宇航员是巴兹·奥尔德林。他在为“双子星座12号”飞行任务的太空行走做准备时，在水池中进行了大量训练，以学习如何在失重情况下迈开步子。为保险起见，所有的舱外操作都要在水下练上许多遍，其中也包括那些单调乏味的事。当他一遍又一遍地重复拧螺栓的动作时，突然感到自己的行为非常荒谬。一名优秀的战斗机驾驶员竟然被“训练”做这么简单的事情。从水里出来后，他高声喊叫了一声，以发泄郁闷之情。当同伴问他出现什么状况时，奥尔德林回答：“闭嘴，给我一只香蕉。”（美国早期曾用黑猩猩进行载人航天试验）这个笑话很快传遍训练中心，有一阵子奥尔德林的办公桌上总堆满了同事们带来的新鲜香蕉。

后来奥尔德林不但如愿成功地进行了太空行走，还被选中成为第二个踏上月球表面的人。

5. 让飞行员学会挑拣岩石更容易

随着成功的太空行走次数不断增加，美国已有足够的信心把人送上月球。但他们总不能空手而归，科学家和友好国家的政要都需要月球岩石做礼物。于是有人建议从地质学家中选拔出宇航员候选人，把登月科考含量尽量做得高一些。宇航员训练中心的人最清楚训练一个外行人在失重条件下头朝下驾驶飞船有多难，他们主张不如给现有的宇航员开设地质课。用德科·斯莱顿的话说，就是“培养一个飞行员挑拣岩石比培训一个科学家驾驶飞船容易得多”。

为了教会这些飞行员如何穿着沉重而供氧量有限的宇航服在最短时间内找到有用的岩石标本，从1962年开始，地质学家带领他们在夏威夷、冰岛、加那利群岛等荒凉如月球的地方进行地质考察训练。宇航员要学习辨认岩石，采集标本，绘制地质图。这类训练一直持续到1972年最后一次登月前夕。苏联宇航员也在1969年完成了类似训练，不幸的是，屡发屡败的火箭让苏联人失去了上月球捡石头的机会。

最后结果正如德科·斯莱顿所料，在所有登上月球的12个人当中，只有杰克·施密特具有专业地质学家的身份，他却在进出登月舱时不小心划破了宇航服的口袋。最具科学价值的月球地质发现（最古老的月岩）恰恰是一个没有地质学背景的飞行员做到的。

6. 忘记交规，专心驾驶

此时美国并不知道苏联已经没有能力把人送上月球。为避免两国宇航员同时踏上月球，导致这场竞赛出现难分伯仲的尴尬结果，美国工程师想出了让宇航员开车在月亮上考察的主意。这将是一个新的看点，而且在有限时间内，车轮定然比双腿跑得更远，勘查到更多的月球表面。这真是一个只有在“车轮上的国家”长大的人才想得出的主意。

为此，早已会开飞机的宇航员还要重新学习开车。月球车虽然是一辆电瓶车，速度不快，但它要去的地方比很多地方都要险恶。月球上没有红绿灯和斑马线，但有厚厚的尘土和突兀的月岩。因为没有大气散射光线，月球上的阴影处比最黑的天空还要黑，你不会知道里面隐藏着坑洞还是什么别的。万一宇航员不慎跌下车辆，把玻璃面罩摔坏，他注定要成为烈士了。所以虽无交通法规约束，但宇航员仍不能肆无忌惮地驾驶月球车，他们必须学会在微重力条件下轻打方向盘，小心避开潜在的障碍。

7. 脱离母体自由飞

目睹了美国在月球上大出风头，苏联马上把力量投入到空间站的建造中，以期在这个新的太空领域重新称王。空间站是由多个舱段组合而成的，它的组装和维护都需要宇航员进行大量的太空行走。在20世纪70年代的一段时间里，苏联的“礼炮号”空间站和美国的“天空实验室”空间站同时出现在太空中，两国宇航员也各自进行着忙碌的太空行走。在实践中，美国人意识到连接在飞船和宇航员之间的“脐带”虽然是生命的保障，但也是行动的障碍。他们开始思索怎么去掉这根常常把宇航员缠住的脐带。最好的办法当然是把所有给养背在身上。宇航员在“天空实验室”内部进行了“载人机动单元”测试飞行，设计者希望这种“载人机动单元”可以为太空行走的宇航员提供氧气、水、食物和动力。也就是说，它将是一台单人宇宙飞船。遗憾的是“天空实验室”的寿命太短了，它只接待了三批宇航员，最终这种“载人机动单元”也没能飞出空间站接受考验。

人类真正实现无绳太空行走已经是十年后了。在1984年2月，航天飞机宇航员布鲁斯·麦坎德雷斯成为人类首个无绳太空行走的宇航员。通过使用改良过的“载人机动单元”，他得以在空中自由地飞翔。“载人机动单元”是靠喷出氮气提供前进、后推或转弯的动力。在地球上它重140千克，但在太空里，它轻得像一根羽毛，一点儿气流就能让它飞个不停。2001年，“载人机动单元”被“背包推进装置”取代。但现在国际空间站宇航员仍有类似的装备以备不时之需。经过不懈探索，地面上的渺小人类终于实现了自由飞行的梦想。

第六章

太空考古学

2013年，一块来自太空的人造物残骸在伦敦拍卖。这块碎片长130厘米，重3.69千克，在日本北海道海域被打捞出水。古董拍卖师认为它价值40万美元。这片来自太空的残骸卖出了超越黄金的价格。

2013年3月，亚马逊创始人杰夫·贝佐斯在个人博客中宣称，他的探险队在大西洋海底找到了“阿波罗11号”登月飞船的运载火箭发动机。他说，深海机器人经过三周海底搜寻，终于在4800米深的海底发现了“阿波罗11号”登月飞船运载火箭“土星5号”的两个发动机。发动机已经扭曲变形，并且生锈腐蚀。贝佐斯是个人出资进行这项搜寻计划的，他还打算与美国宇航局合作修复火箭发动机，然后公开展出。美国宇航局发表声明称：“当杰夫和他的探险队宣布在大西洋海底发现‘土星5号’火箭的两个发动机时，我们与他们同样激动。”

从1957年苏联发射第一颗人造地球卫星算起，太空时代才开始半个世纪，但太空考古的热潮已悄然兴起。

揭示湮没的金字塔

2011年，美国阿拉巴马大学伯明翰分校的一个实验室运用卫星红外成像技术，探测到了埃及地下17座从未被人发现的金字塔、1000多座未被挖掘的墓穴以及3000多处古代房屋遗址，堪称太空考古学的一次重大发现。

考古学家莎拉·帕卡克带领研究人员，利用卫星搭载的大功率红外热成像设备，对埃及地区进行遥感，结果发现了大量埋藏在沙土中，从未被考古界发现的遗迹，包括金字塔、墓穴等。初步挖掘考察已经证实了部分发现，包括两座被埋地下的金字塔。

帕卡克说，通过红外设备，可以“看见”埋没于地下的建筑形状。但当如此庞大的“建筑群”出现时，同事们都感到惊讶，她看着这些“宝藏”显露真容，也不敢相信自己的发现。毕竟，能挖掘一座被湮没已久的金字塔几乎是每个考古学家的梦想。

他们分析的这些图片是由距地面700千米的轨道上运行的卫星拍摄的，这些卫星配备了功能强大的相机，能拍摄到地面上直径不超过1米的微小物体。红外图像常被用来揭示地下隐藏的不同物质。古埃及人用泥砖建造住宅和其他建筑物，泥砖的密度比周围土壤的密度更大，因此从红外图上能看到房屋、神殿和坟墓的轮廓。帕尔卡克说：“这些图像显示，我们太低估古代人类住宅区的大小和规模了。”

考古遥感简史

考古学家利用航拍照片寻找古迹由来已久，在人类飞上天之前，考古探勘根据的是传说、怀疑和直觉，就像大海捞针，全靠运气与误打误撞；直到遥感技术出现，考古学家才得以大幅度地探寻地面和地下，发现人眼不及的事物。

1906年，英国军官H.P.沙普从军用热气球上对建于新石器晚期的巨石阵遗址进行了空中摄影，并在考古学杂志上发表。第一次世界大战期间，飞机操控性能及飞行技术取得了很大进步，有飞行员开始关注战争时期的考古遗址。英国皇家飞行团观察员克劳福德在当时主要负责航空考古工作。克劳福德依据植被标志从航空相片上辨认出史前的建筑结构，在无植被标志的干旱区依据遗址的地形阴影识别遗址。用这种方法，克劳福德在一年时间里发现的遗址比过去100年的时间里依靠徒步调查发现的遗址还要多。这种方法在20世纪20年代中期得到进一步完善，其间很多经典的航空相片登载在由克劳福德1927年创办的《古迹》杂志上。后来航空遥感在考古学上的运用日益纯熟，进而促成了太空考古的出现。

进入太空时代后，冷战的发生促使侦测对方兵力部署的侦察卫星成为最先实用化的应用卫星。精确制导武器的发展要求有精准的地图进行地形匹配。最初是为了引导小型炸弹命中目标而从太空拍摄地面广大地区影像，如今则发展到利用详细精准的卫星照片来制作气象图、地图等，并研发出卫星定位系统以协助导航。考古学家从这些公开的卫星图像中受益良多，可以说，太空考古学是由军事用途发展而来的。

卫星影像曾帮助学者找到失落在危地马拉米拉多盆地的古代城市瓦克纳。美国宇航局的科学家利用雷达看穿撒哈拉沙漠约1.8米厚的沙子，发现15 000年前的水系，并追寻埋藏已久的失落之城乌巴。先进的太空成像科技包括雷达、激光和微热感应影像，它们不仅扩展了人类的视觉范围，更促使人类重新看待身处的地球。

首次吸引全世界考古学家目光的太空考古发现出现在1981年。当时美国刚刚启用不久的“哥伦比亚号”航天飞机搭载的SIR-A合成孔径雷达揭示了埋藏在撒哈拉大沙漠地下的古峡谷和古河道。考古学家通过研究雷达遥感图像上沙层覆盖下基岩的雷达回波发现，非洲北部存在过比现今尼罗河水系更为庞大的河流水系，推翻了那里不存在主干水系的论断。古河道为旧石器时代的人类提供了沙漠中的绿洲，这揭示出当时撒哈拉沙漠的环境条件。由于这些干沙区域的介电常数很小，雷达波很容易穿透这些区域的表面，因而可以发现可见光、近红外等遥感方式所探测不到的目标。

太空考古大显身手

接下来，来自太空的遥感影像继续大显身手：美国考古学家利用卫星遥感影像发现了早已沉没海底数千年的古埃及名城亚历山大；欧洲的考古学家根据早期遥感照片发现了多处古罗马的建筑遗址和著名的罗马大道；美国宇航局艾姆斯研究中心的科学家利用遥感技术揭开玛雅文明荣枯盛衰的奥秘，成功地识别出了古玛雅遗址的特点；希腊考古学家用红外相片在科林斯湾发现了公元前373年毁于地震的古城希来克；美国宇航局考古学家从红外航空照片上识别出哥斯达黎加森林中的古路径；1994年美国航天飞机成像雷达对处于茂密森林的柬埔寨吴哥窟的研究，重建了吴哥窟的分布范围和古运河水系，让我们了解到已消亡的吴哥窟的壮观原貌。历史悠久的中国自然不会被落下，丝绸之路遥感考古是1994年航天飞机成像雷达过境我国尼雅古城时的一个重要课题，加拿大等国的研究人员对位于沙漠中过去的绿洲古城梅尔夫进行了多学科的遥感考古研究，利用GPS（全球定位系统）技术和其他卫星图像对古城进行了精确定位和古遗址分析。

现在商用卫星影像的全色波段分辨率已经优于1米，成像成本很低，在考古研究中的应用前景很好。对公众免费开放的“谷歌地球”软件就使用了大量这种高精度卫星图片。考古学家们在“谷歌地球”的帮助下也发现了不少历史古迹。2008年，阿根廷拉里奥哈国立大学的考古学家宣布，他们借助“谷歌地球”发现了十多处有数百年历史的古代印第安人建筑遗迹。借助“谷歌地球”，考古学家们还在阿富汗发现了约450处古代遗址，这些遗址均距今数千年时间。在“谷歌地球”提供的雷吉斯坦沙漠地区卫星影像上，考古学家们甚至还发现了数千年荒弃的阿富汗村庄、营地旧址、小型城堡、墓地、水库和地下水道等。虽然“谷歌地球”可以帮助科学家们进行考古探测，但目前大多只是用于考古工作的规划阶段，用于确定需要在地面上做进一步调查和发掘的地点。乌龙事件也不是没有发生过，比如：一位业余太空考古学家在分析卫星照片时误把“二战”时期德国人挖的战壕当成古罗马时期的水渠，经过考古发掘才证明了判断的错误。科学家们认为“谷歌地球”的考古潜力也存在消极的一面，那就是一些盗宝者也可以使用该软件发现可能的目标。或许未来的盗墓小说主人公除了会用洛阳铲，还得能分析卫星遥感图片。

其他星球的人类遗迹

自1969年7月美国“阿波罗11号”飞船成功在月球着陆，宇航员阿姆斯特朗在月球表面留下了人类第一个脚印以来，数十年间，人类已实施了百余次无人月球探测任务。如果有朝一日普通人可以花钱上月球观光，可想而知，阿姆斯特朗的脚印将是首选的景点。毕竟，就连阿瑟·克拉克都认为，登月是鉴定文明发达的一个标准。谁不想看看这个标志人类迈出地球摇篮的印记呢？

届时蜂拥而来的人潮会不会威胁到人类第一个登月

地点的原貌呢？新墨西哥州立大学的太空遗产考古学家贝丝·奥莱丽博士认为，应该根据美国和联合国的文化遗产法对月球上的这个地点进行保护。她表示，美国政府对保护这个地点的任何举动都将是众人的焦点，这将被视为一种宣称拥有月球主权的举动，因为根据联合国《月球协议》，月球不属于任何国际与个人。但是2006年她还是成功地让美国新墨西哥州政府承认“阿波罗11号”着陆的静海基地是历史考古遗址。

在人类重返月球和人们通过太空之旅重新踏上月球表面之前，我们应该认真考虑保护月球上的人为景观和登陆遗址的问题。如果没有合适的保护方案和战略，人们就会在月球表面自由走动，这些遗址将变成互联网上的炒作对象。

月球土壤松散，但不会被风吹动。如果无人打扰，宇航员的脚印可能会保存数万年不变形。但若是粗心的游客驾驶月球车压在上面会如何呢？会不会有人在脚印旁边写下“××到此一游”呢？更不用说会有古董商高价收购这些脚印了。想到这些可能性，就知道这个遗址是多么脆弱了。

在美国宇航局的资助下，奥莱丽和她的科研小组利用从美国宇航局和史密森学会等公共机构获得的档案资料，记录了“阿波罗11号”机组成员在月球表面留下的106个物品和遗迹，其中包括阿姆斯特朗的脚印和插在月球表面的美国国旗，以及集尿袋和宇航服靴子等物品。奥莱丽表示，“阿波罗11号”的任务是带回20千克月球石。但因为登月舱受损，只有一次起飞机会。她说：“他们接到命令，必须扔掉所有不必要的物品，因此他们开始向月球上扔东西。月球的引力只有地球引力的六分之一，所以我们已经计算出这些物品将落到什么地方。”她表示，因为月球上没有风化与侵蚀作用，人类第一次在那里留下的脚印应该还在。但是因为国旗就在登陆地点附近，所以航天器起飞时可能已经把它吹翻了。

由于月球表面的昼夜温差变化很大，扔在月球上的一些东西可能降解了。但是奥莱丽表示，像呕吐袋等一些看似无足轻重的物品反而被证明具有很高的遗产价值。她说：“那是一些处于最前沿的科技。你在太空如何呕吐呢？这项技术在月球表面就显得非常重要。我们必须有统一的标准，什么可以留在月球，什么必须带走。”奥莱丽还强调说，太空遗产不只是美国的问题。美国和苏联在太空竞赛期间，在月球上留下了约100吨外来物品。

2012年5月，意识到月球人类遗迹重要性的美国宇航局发布了一份探月指导报告，旨在保护“阿波罗”飞船登陆点等人类早期探月留下的珍贵足迹，以及留在月球表面的科学仪器。报告指出，“一个失误也许将永久性破坏这些无价之宝”。他们建议，在未来的登月任务中，其他登陆器最好至少与阿波罗飞船登陆点保持2000米距离，与

“徘徊者”无人月球探测器等的着陆点保持500米距离，以防止发生意外事故和破坏此前登陆痕迹。

虽然这份指导报告不具强制性，但美国宇航局欢迎其他国家和航天组织参与其中。民间探月组织“谷歌月球×大奖”评选委员会旨在奖励研发出第一个安全登月机器人的私人机构，他们表示接受这一建议。正在竞争这一大奖的航天机器人技术公司总裁约翰·桑顿说，美国航天局已明确这些遗迹对人类的重要性，有必要确保它们在未来的登月活动中不被破坏。2013年年底，中国的“嫦娥三号”探测器携带月球车“玉兔号”在月球降落，为这片“蛮荒之地”增加了一处最新的人类活动遗迹。

同理可知，降落在火星上的那些探测器及其活动痕迹——从“海盗号”到“机遇号”，从“凤凰号”到“好奇号”——都将成为未来“火星—地球人”的旅游胜地。没有它们，也就没有后来的载人火星探测和火星移民。所以，很有可能的是，“火星—地球人”会在上面搭建玻璃温室，使遗迹免遭沙暴侵袭，游客们也不用穿着笨重的舱外航天服进行参观游览了。

古董航天器

美俄卫星相撞、国际空间站躲避太空垃圾……类似的新闻仿佛表明太空垃圾是人见人厌的东西，太空考古学家却不这么想。他们认为，有些太空垃圾反而可以真实地反映人类太空探索的历史，是宝贵的文化遗产。澳大利亚弗林德斯大学的科学家艾丽斯·戈曼就呼吁把太空垃圾列入“世界遗产”名单。她认为，各国宇航局准备清除有潜在危险性的太空垃圾，但是也许会让人类的历史遗产遭到破坏，现在到了评估围绕地球运行的成百上千万件物体的价值的时候了。

在这些被认为具有遗产价值的太空物品中，包括于1958年发射的美国“先锋1号”卫星。戈曼认为，保护这些物体可以为一个国家在太空的存在提供证据或者帮助重建人类太空探索的历史。她在世界考古大会上提出一份太空垃圾管理报告，建议列出太空遗产名录，并探索用什么样的机制管理太空垃圾，法律界限是什么，哪些地点应该被看成是遗产的一部分。

地球所在的太空已经是一座展示人类探索宇宙技术的博物馆。绕地轨道上有大约4000个火箭残骸和卫星，超过6000个被监控的大型碎片，超过20万个大于1厘米但没有被监控的碎片。既然在博物馆里，我们能够看到古老的蒸汽机、老爷车、螺旋桨飞机，一切能够明确以往人类技术进步的标示物，那么这些悬浮在太空中、曾代表人类最尖端技术的结晶，也理应受到同样的保护和重视。

更多有价值的残骸在太空中得到了很好的保护。1958

年美国发射的“先锋1号”卫星，今日仍然在轨道上运行，估计它仍然会在太空中至少存在600年。

由于航天飞机的退役，目前人类没有办法取回这些太空垃圾。太空考古学家正在制订一个大胆的方案，就是在日–地拉格朗日点附近开辟一个太空文物放置场。比如现在美国宇航局发射的太阳以及日光层探测器SOHO所处的拉格朗日L1点，其轨道周期恰好与地球轨道周期同步，把一些废弃的航天器通过火箭助推的方式安置在那里，就好比考古学家们在保存或发掘技术不发达的情况下，暂时将文物留在地下一样。

等到天地往返技术进步后，这些“暂存”在拉格朗日点的太空文物将被运回地球（或者月球），以便更多人可以欣赏它们。想一想，1970年发射的中国第一星“东方红1号”卫星还在近地点430千米、远地点2075千米的椭圆轨道上绕地运转，或许以后它会被“请”回国家博物馆，供后代瞻仰。

写给未来的信

我们无法从时间上回到过去，也不可能在空间上回到过去。但是我们能从古人留下来的东西里回溯过去，我们可以从中看到古代社会的遗迹。现在已经有人“有意识”地在太空为后代（或者其他智慧生物）留下可供考古的物品。

美国于1994年7月28日发射一颗人造卫星上太空，里面储藏了50个国家近4万人的不同信息及记录。卫星将长期围绕地球飞行，留待未来的人做考古之用。太空考古学计划主任费伦表示："这是等待未来考古学家或未来时代的人发现的档案，这就是'反'考古学。"这些信息包罗万象，反映了21世纪初的人类生活、文化的断面。信息来自一些名人，如"阿波罗7号"指令长塞尔南、美国副总统戈尔，还有来自200名囚犯及逾1000名残疾年轻人，音乐自然也在其中。卫星运行12年后，将再被推上几百千米高的轨道。在那个高度上，卫星及其储存的信息将留在太空长达数百万年之久。

从2002年9月份开始，一项入选联合国教科文组织"21世纪计划"的名为KEO的活动，邀请地球每个角落的人写下自己的生活和想法，所有的信息将被刻成一张光盘，放入KEO卫星中。该卫星于2014年发射升空，将随地球绕行五万年后返回地面。届时，五万年后的人类，将可以通过这张光盘了解五万年前世界的模样。

因为卫星装有两翼，又被形象地称为"未来考古鸟"。它共携带了几样物品：一颗人造钻石，里面容纳着含有现代人DNA（脱氧核糖核酸，是一种生物大分子，可组成遗传指令，引导生物发育与生命机能运作）的一滴血、泥土、海水和空气；一个百科全书式的"亚历山大图书馆"光盘，里面记录了21世纪人类所掌握的知识、艺术、宗教经文、政治格局、经济形势、动植物等情况；“星际时钟”可使我们遥远的后人能知道KEO卫星发射的时间，做法是在一张玻璃面板上刻有一些天文数据，即各行星在发射那天在太阳系的相对位置，使后人能推算出这颗卫星发射于五万年前（同样的行星排列250万年才重复一次）。

KEO组织已经收到了来自187个国家100多万篇信息。活动的发起人、法国科学艺术家菲利浦认为，KEO就像是一幅印象派的画作，每一个人的信息就是画上的一个小点。通过写下自己的生活、梦想、快乐、忧虑，我们不仅可以为未来“预留”文物，也唤起关于我们到底是谁，我们到底需要什么的思考。

有人说1877年洛厄尔宣称火星上存在“运河”是最早的太空考古行为，可惜随着天文学的进步，模糊的“运河”变成了清晰的峡谷和山脉。太空考古的事业不会消亡，它会从地球转向太空，不断寻找其他文明或人类自身在这个空旷宇宙间留下的痕迹。

2 天空博弈

第七章

太空战场的矛与盾

载人飞船的军事使命?

2008年，“神舟七号”飞船将进行太空行走并施放小卫星的消息一公布，马上引来国际军事观察家的注意。他们联系当时中国在大功率激光器上取得的进展，大胆地猜测“是否中国要以‘神舟七号’飞船为平台，让军人身份的航天员进行对地侦察活动，甚至开展天基激光器的搜索与跟踪目标试验？”

这种猜测并非捕风捉影。同其他先进科学技术一样，载人航天从诞生之日起，就具有“战争”与“和平”的双重身份。在美国、俄罗斯发展载人航天技术的过程中，都曾把军事应用作为载人航天的一项重要使命。

20世纪60年代初，美国在其第二代载人飞船“双子星座”上进行了军事侦察试验。两名宇航员使用红外遥感仪对一枚从潜艇上发射的“北极星”A-3核导弹进行跟踪观察。在跟踪过程中，一名宇航员操纵飞船姿态，让仪器对准目标，另一名宇航员则对导弹发射的全过程进行摄影，并及时向地面报告了导弹助推器分离情况。因为居高临下，视野极佳，这比在潜艇上进行的观测要清晰和快速得多。

航天飞机研制成功并投入使用后，美国的太空军事能力得到很大提升。美国国防部除了用航天飞机运送军事有效载荷、维修组装军用卫星和太空军用设施外，还在机上进行了大量有关人员在太空进行军事侦察与监视的试验。与此同时，因为航天飞机具有飞得高、速度快和机动飞行（特别是横向机动飞行能力）的特点，它本身就可以作为一种进攻性轨道武器。横向机动飞行能力，能使它随时迅速离轨返航，有效地保存自己。这在军事上具有很重要的意义。与以往的航天器相比，航天飞机的另一个特点是飞行准备时间短：从返航到下次起飞的准备时间仅仅需要两周，而当时要发射一艘载人飞船或卫星，一般需要两个月的准备时间，航天飞机的这一特点是比较符合战时要求的。另外，航天飞机可以重复使用，这就提高了航天飞机作为一种战略武器的实用价值。利用航天飞机便于实施轨道机动和太空行走的特点，从1985年到1992年的七年间，美国军方用航天飞机至少释放了8颗秘密军用卫星。

情报人士特别注意分析“联盟”系列进行过的军事任务：1976年的“联盟22号”任务中，苏联宇航员拍摄了北约军事演习和联邦德国境内的30个军事目标的照片；1990年8月伊拉克入侵科威特不久，“联盟TM号”飞船就参加了对海湾地区的侦察活动；苏联宇航员用飞船上的“MK-4”相机拍到了伊拉克北部地区的一个秘密军事设施，专家判读出那是一个开采中的铀矿；而激光武器的搜索与跟踪目标试验也是1982年以来苏联军事航天活动的重要组成部分。

反卫星武器

人的生命是最可宝贵的，军事宇航员更是人中龙凤。这些使用大量金钱和高技术打造的尖端战士在实战中通常进行侦察、太空武器系统的遥控和维修工作，不大可能出现在危险的前线。这时，身先士卒的卫星武器就要大显神威了。

我们知道，在足球比赛中是允许队员有合理冲撞的。如果把“合理冲撞”的概念挪用到太空战场上，便可以说在公共控制范围内和在机会均等的情况下，双方有权指引己方航天器做出适当的且不违反《外层空间法》的“冲撞动作”。

具体说来，就是运用航天器交会对接技术来发展反卫星武器。无论是“联盟”系列飞船与国际空间站对接，还是航天飞机捕捉故障卫星，都属于两个航天器的交会对接。只不过这些交会对接要避免二者发生剧烈撞击，而反卫星武器需采用稳、准、狠的合理冲撞式轨道交会完成对敌方航天器的毁灭性撞击。

微型卫星就是这样一种先进的反卫星系统。一颗微型卫星可“同步”运行在一颗敌国卫星附近，它就像遥控炸弹，一旦有必要就可以抵近目标对其进行攻击或电磁干扰。而且，这种攻击不需要微型卫星携带武器或者炸药，地面控制人员只需轻点鼠标，调整轨道参数，微型卫星上的姿态调整发动机就可自动点火，以合适的速度与敌国航天器“意外”相撞。除非有确凿的证据，否则只能认定这是“偶然事件”。随着禁止太空军事化条约的签署，这种方法无疑是最好的反卫星手段，它将赋予缔约国一种实施“合理冲撞”的反击能力。

2007年5月5日，美国国防预先研究计划局的双星“轨道快车”任务完成了首次自由飞行分离与对接演示。其中“自主太空运输机器人”航天器和NextSat航天器分离至相距大约10米的距离，分别绕地球运行一圈，之后再次对接。任何地面控制人员都未介入这次演示，以往需要航天员进行太空行走或是操纵航天飞机机械臂才能完成的卫星抓取工作，现在可以由无人航天器自动完成了。美方宣布希望借助此项技术在卫星之间开展器材传送和维修工作。但军事观察家认为，这也可以看作是交会对接式反卫星武器的首次试验，一旦成功，便可以任意掳夺敌方卫星了。

与天基反卫星武器花费大、“弹药”用尽后难以补充不同，地基反卫星武器具有发动打击时间灵活、发射数量不受限制等优点。果然，2008年2月，美国以“销毁”一颗失控军事卫星的名义，从军舰上发射“标准3”导弹，完成了其自1985年以来的第二次反卫星导弹试验。虽然海上发射反卫星导弹具有发射平台机动灵活的特点，但是美国此次打击的卫星轨道高度已接近大气层。两种武器系统到底孰优孰劣，还有待时间验证。

“死星”：集成式天基武器

拥有巨额军事预算的国家不会把鸡蛋全放在一个篮子里。根据自身在太空战领域的多种优势，美国的反卫星武器已经开始向集合了态势感知、防御和进攻等多种功能于一体的、攻防兼备的方向发展。这种“N合1”式的反卫星武器不但可以减少自身对太空监视卫星的依赖，缩短作战响应时间，还可以主动发现敌人的反卫星武器，自主规避危险。这一点，它颇具电影《星球大战》中“死星”的风采。

1987年第一次发射的苏联“极地号”无人作战平台是世界上唯一成型的在太空部署的集成式武器系统。其主要武器是反卫星核雷，此外，还装有雷达、遥感设备、卫星致盲激光武器和近程防护火炮。但遗憾的是，其在发射时就因为导航故障而坠毁。苏联解体后，因为国际形势转暖，加上国内军费紧张，“极地号”再未上天。

但美国从未放松对这个领域的关注。二十年来，在航天技术及电子信息技术进步的催化下，美国再次提出了攻防兼备的太空武器系统，近期重点研发的“近轨道红外试验”卫星就是一个最好的代表。美国众议院拨款委员会起初取消了6800万美元计划经费，但参议院最终批准了该项经费。

2007年4月23日，“近轨道红外试验”卫星从弗吉尼亚州美国航空航天局瓦罗普斯试验场发射升空，进入近地点约250千米、远地点450千米、倾角48度的近地轨道。该卫星的跟踪传感器能够探测弹道导弹的发射，绘制弹道导弹尾焰图像并确定其特征，为反导武器攻击目标提供帮助。另外，该卫星还将是一个太空杀手，它自身可携带杀伤拦截器，在轨道上摧毁对方的导弹或其他航天器。因此，“近轨道红外试验”卫星的发射被视为美国迈向外层空间武器化的一个步骤而备受关注。

光速盾牌　势如闪电

1991年海湾战争开创了弹道导弹攻防战的先河。虽然美国对“爱国者2”反导系统大肆吹嘘，但事实表明其实战效果并不理想，只能拦截处于末段飞行的战术弹道导弹。海湾战争结束后，针对不断扩大的战术弹道导弹威胁，美国开始重视发展各种类型的弹道导弹防御系统，其中包括研究能够对战术弹道导弹实施助推段防御的各种先进方案。恰好在20世纪90年代初美国空军武器实验室已经可以用氧碘化学激光器产生功率达百万瓦的高能激光束，机载激光武器便在此时应运而生了。

机载激光武器的核心是大功率化学激光器和射束控制仪，这两者可以视作坦克的“炮塔”，承载武器的“车体”就是经改装的波音747-400货机。计划中，这台会飞的激光炮将在13 000米高度巡航，不但可以摧毁正在爬升的洲际导弹，也可以对运行在近地轨道的卫星形成威胁。

在实战中，瞬间功率达一万亿瓦的高能激光束将从机头窗口射出，经过射束控制仪校准，准确命中目标。这样强大的激光当然需要庞大的能源供应。按照设计要求，作战部署的机载激光系统将采用由14个模块组成的氧碘化学激光器，其总重量不超过78.75吨。而现在为样机研制的激光器仅有6个模块，重量却已达到80多吨。因此，未来作战用的机载激光飞机上只能安装模块数量较少的激光器。这必然导致激光的功率降低，有效杀伤距离减小。这更意味着庞大的机载激光飞机必须在靠近敌方目标的空域作战，这将大大降低载机的生存能力。

在未来需要投入作战使用的时候，美国可能会把机载激光系统部署到太平洋中的关岛、印度洋中的迪戈加西亚岛、阿拉斯加或英国等前沿部署基地。这些基地虽然比美国本土更靠近未来可能爆发战争的热点地区，但机载激光飞机要从这些基地飞到作战区域仍将需要几个小时的时间。到达作战区域后，机载激光飞机需要在空中巡逻待命，空中加油和战斗机护航，都限制了它的活动区域。由于机载激光武器系统极其精密，每次完成作战任务返回基地后，都需要对激光器进行校准和调整。所有这些都会对机载激光武器系统的作战使用和后勤支援等提出严峻挑战，甚至有可能断送机载激光武器计划的前程。

美国国防部原来计划到2010年拥有7架机载激光飞机。在今后20年中，这一机载激光飞机队伍将耗资110亿美元以上，早已超出最初估计的62亿美元。看来“星球大战”计划中的激光防御网不是一蹴而就的。

回到文章开头对于“神舟七号”“军事任务”的猜测上来，激光武器的优势在于能量密度高，但能源供应也是制约其发展的瓶颈。美军为了让激光炮上天，被迫使用了笨重的波音747货机，80多吨重的激光器本身已超过了“神舟七号”飞船的重量。就像中华武学崇尚四两拨千斤一样，即便中国要发展天基激光武器，也不会追求把对方烧一个大洞的效果。更可能是点到为止，通过精准照射，把敌人的传感器等娇贵部件烧毁，让它变成“瞎子”“聋子”即可。

全面太空战：为太空时代画上句号

无论是进攻之矛的复杂还是防御之盾的昂贵，它们都会延缓太空军事化的时间表。但是，真正能防止太空爆发战争的内因还是太空自身的特点：太空高真空、微重力的环境特点决定了太空武器自身不便实施防御；激光、粒子束等都可在很短时间内完成瞄准及击中目标；电磁脉冲炸弹更可以在瞬间毁灭整个太空武器系统。

目前，越是经济发达的工业国，其经济运转就越依赖卫星服务。如果哪个国家计划对别国卫星发动太空袭击，它首先要考虑自己是否做好了遭受同样袭击的准备。举例来说，美国卫星遭到袭击也会殃及欧盟、日本的经济运转，进而引发全球经济动荡。对卫星的攻击行动会损害所有太空强国的利益。这样看来，除非参战国到了生死存亡关头，否则单纯的太空战争很难打响。毕竟在太空中一损俱损，一荣俱荣，这种投鼠忌器的博弈模式有助于在太空形成类似于冷战中核武器造成的恐怖平衡。

任何试图发动太空战的国家都要冒着和敌方开展“无限制太空战”的风险。届时，在太空中开展运输、通信、气象预报、导航、遥感等服务的航天器都可能因为其潜在军事价值而遭到袭击。这不同于传统的海战——被击毁的船只沉没于海底，在和平到来后不会影响航运。太空战则不然，战争中被击毁的航天器及其碎片不会很快进入大气层被烧毁，它们将长期留在太空中，影响人类未来利用太空。一旦“无限制太空战”爆发，轨道上将飘满航天器的碎片，这些碎片在几千年内都将绕地飞行，对后来发射的航天器形成威胁。太空物体之间的碰撞概率也大幅增加——不但完好的航天器会被撞毁，产生新的碎片；碎片之间也会发生撞击，产生更小、更多的碎片。这是一个类似于链式反应的恶性过程。在很短的时间内，太空碎片的数量将像雪崩一样达到无法控制的地步，直到近地空间完全被碎片笼罩，再无航天器可以突破这个由碎片构成的牢笼。

这个可怕的前景，恐怕也是制止太空战的最大动因。一旦大规模太空战爆发，就意味着人类太空时代的终结。有人说，核战争将是终结一切战争的战争——地球上的一切有用的东西都被摧毁了。那么仿此推论，太空战争恐怕就是终结人类太空时代的战争。这个恐怖的结局是所有太空国家不愿面对的，特别是像美国这样依赖卫星服务的太空技术超级大国，更是不愿冒同归于尽的风险丧失自己在太空的主动权。对于像中国这样的后发国家来说，保持一定的太空战能力，确保对潜在太空敌人的有限威慑，就足以遏制全面太空战争的爆发。

第八章

导弹打卫星背后的玄机

——“狗拿耗子”式的拦截，将错就错的神来之笔

2008年2月21日元宵节，正当中国人还沉浸在春节的气氛中时，美国在东太平洋释放了一个“大焰火”，一枚“标准-3”导弹在两百多千米高度将一颗失控卫星击碎。

神秘的侦察卫星

这颗军方编号为USA193（NROL-21）的卫星，是在2006年12月14日从加利福尼亚州范登堡空军基地发射升空的，卫星进入轨道后不久便与地面失去联系。该卫星隶属于美国国家侦察办公室（NRO），是一颗军事侦察卫星。出于保密考虑，美国一直没有透露这颗失控卫星的具体型号和使命。

从2008年1月26日美国官员透露这颗侦察卫星可能会在二三月份坠入地球起，媒体关于卫星身世的猜测就没有停止过。最早有分析家曾推测该卫星属于“锁眼11”或“锁眼12”光学成像卫星——这种卫星的质量在10吨以上。但随着与该卫星有关的信息不断被披露，上述推测便站不住脚了：利用已知的数据，不难推算出这颗卫星的重量不会超过3300千克。在美国的侦察卫星族谱中按图索骥，重量级为3吨的侦察卫星很可能属于“未来图像建造系统（FIA）雷达成像卫星”中的一颗。

有些媒体所宣称的卫星如一辆校车大小也不属实。这种卫星的发射尺寸不超过4.6 m × 2.4 m，配有两个碟形雷达成像天线，如果天线完全展开，其尺寸可能达到一个篮球场大小。它可以不受天气情况的限制，对目标地点进行全天候的侦察，是美国已经使用了近20年，早该淘汰的长曲棍球雷达侦察卫星的换代产品。

在USA193卫星发射后几小时，身处英国的卫星观测爱好者就通过天文望远镜发现，该卫星并未像其他卫星一样立即展开太阳能电池帆板——如果帆板正常展开，因反射太阳光，卫星亮度会突然增加。这要么说明卫星具有其他形式的能量来源——俄罗斯曾推测卫星上有核电源——要么说明卫星出了故障。无线电爱好者最初曾监听到卫星与地面的通信联系，但一天半后就沉寂了。一个月后，美国官方承认“无法与该侦察卫星取得通信联系”。到2008年1月22日，这颗失去动力的卫星轨道已经降低至271.28千米，平均每天下坠700米，而且在高层大气阻力的影响下有加速下坠的趋势。

这种阻力效应已经被各地天文爱好者的观测证实。一位身处广西的天文爱好者曾在2008年年初看到USA193的亮度堪比北极星，但是它的亮度衰减很快，还没进入地球阴影就看不到了——这可能是卫星发生异常翻滚造成的：其他正常运行的卫星也会有亮度衰减，但因其滚转是规则的，亮度衰减也有一定的规律。亮度的急剧变化说明这颗卫星已经在空气阻力的作用下“摇摇晃晃”地前进了。如果轨道进一步降低，更稠密的大气作用于卫星不规则的外形上，将使卫星发生更剧烈的翻滚，使预报侦察卫星坠毁点的难度加大。正是在这种情况下，美国军方提出了以导弹击毁失控卫星的方案。

击毁卫星是否必要？

2008年2月14日，美国总统国家安全事务副顾问杰弗里在五角大楼举行的新闻发布会上宣布，美国总统布什命令五角大楼使用美国海军导弹摧毁这颗报废的侦察卫星。他说，此举旨在尽量减少卫星对人类的危害。

杰弗里所指的“危害”主要指卫星上携带有可能对人类健康造成致命威胁的有毒燃料——肼，因此必须在其进入大气层前予以摧毁。肼对人体的危害类似氯或氨，吸入后会灼伤人体的肺部组织。人若吸入大量肼，会有致命危险。航天器上的肼燃料罐均为耐压容器，强度很高，虽然卫星再入大气层时会产生很高的动压力和高温，但坚固的燃料罐未必能破碎、烧毁。

2003年年初哥伦比亚航天飞机失事时，上面的肼燃料罐就完整地坠落到美国本土，幸好未造成地面人员伤亡。USA193卫星从发射以来就没有启动过姿态调整火箭，它携带的454千克肼燃料分毫未动，一旦完好的燃料罐落入人烟稠密地区并破裂，很可能造成人员伤亡和环境污染。

根据1971年缔结的《空间物体所造成损害的国际责任公约》，卫星发射国要对空间物体造成的损害承担责任。因此，美国政府发言人表示将“采取措施将卫星坠毁可能造成的损失最小化”，也是言之成理的。

从国际惯例看，处置失控航天器方法有三种：一是任其坠入大气层或让其在轨道漂浮成为太空垃圾；二是通过地面指令引导卫星坠落于预定地点或升至更高的无用轨道；三是利用其他航天器与之交会对接，对其进行修复或回收。

USA193卫星的轨道太低，已不可能派航天飞机将其捕捉，地面与卫星的通信中断也排除了第二种方法。但动用导弹摧毁即将坠入大气层烧毁的失控卫星在航天史上还是头一回。对美国击落卫星的真实动机持怀疑态度的人指出，地球表面71%的面积是海洋，陆地上人烟稀少之地也有很多，质量这么轻的卫星再入大气层后多半会在半空烧光，碎片造成人员伤亡的可能性极低。事实上，历史上美国共有328颗卫星残骸坠落于地，无一造成伤亡。过去40年，各类重返大气层的航天器碎片坠地的有5400吨。造成伤亡的少之又少。为何USA193卫星一定要“享受”这种被拦截的特殊待遇呢?

USA193不但是最先进的侦察卫星，也是近几年来发射的最轻的侦察卫星之一，它的使命是与多颗同类卫星一起组成“星座”，对热点地区进行不间断的侦察——也许是它的这一神秘身份使然？

这不是美国侦察卫星的首次失控坠地。早在太空时代萌芽期的1959年4月，“发现者2号”侦察试验卫星的胶片返回舱意外坠落在挪威斯匹次卑尔根群岛附近。军方虽出动大量人力，但仍未找到胶片返回舱。有人推测胶片返回舱是被在那里流亡的俄罗斯人捡走了，以致中央情报局担心了好一阵。这件事几乎成了冷战传奇，并被演绎为一部畅销的惊险小说《冰区考察站》。一年后，在经历了一系列失败后，“发现者14号”侦察卫星终于取得成功，美国也意识到有必要专门成立一个管理空间侦察计划的组织。1960年8月25日，美国空军和中央情报局共同成立了美国国家侦察办公室。冷战期间，国家侦察办公室一直处于绝密之中，直到1992年美国才首度承认该组织的存在。

USA193卫星正是隶属于国家侦察办公室，有这样的历史背景，不由得防务专家们猜测美国击毁卫星的目的之一是为了防止卫星坠地后，先进技术泄露。但这种猜测也是站不住脚的。据业内媒体《航空周刊与空间技术》杂志的文章分析，USA193上的主要部件——推进剂罐、动力装置、陀螺仪和电子设备——的重量都很轻。为了减少重量，高度机密的雷达天线也应该非常脆弱，根本无法承受再入大气层时的高热。如果美国纵容卫星直接坠落，同样能起到保密的效果。

如此看来，这次导弹打卫星的行动似乎只能被看作美国进行反导系统的演练了。

反导弹还是反卫星?

北京时间2008年2月21日上午11点26分，一枚经过改装的“标准-3”型舰对空导弹从位于夏威夷西部海域的“伊利湖号”巡洋舰发射升空，飞行24分钟后于距地面200多千米的高空击中了时速超过2.72万千米的USA193卫星。五角大楼表示，尽管最近几天“伊利湖号”所在海域风大浪急，但美军仍抓住了稍纵即逝的战机，一举摧毁了卫星及其燃料罐。卫星破碎后产生的残骸已纷纷坠入大气层烧毁。

消息传出，各界在感叹美国导弹防御技术先进的同时，也在推测美国是否又掌握了一种新的反卫星武器。美国上一次进行导弹反卫星试验是在1985年10月13日，当时一枚从F-15战斗机上发射的空射型微型飞行器（ALMV）导弹摧毁了在555千米高的轨道上运行的太阳风P78-1科学卫星。此外，美国还在研发激光反卫星武器系统，但未达到实战水平。而且现在激光武器的功率不够大，只能使卫星上的光学传感器“致盲”，远不能达到使卫星解体的目的。

一位接受路透社采访的美国国防部官员说，美国军队目前没有专门用于打击卫星的武器，但美国在20世纪80年代中期就拥有这种能力，故能在很短的时间内制订计划摧毁卫星。考虑到使用反卫星武器有推动太空军事化之嫌，故美国舍弃成熟技术不用，而是花重金改造反导导弹，让“标准-3”进行“狗拿耗子”式的拦截。

如果说USA193军事侦察卫星失控是美军不愿看到的错误的话，那么以该卫星作为靶子进行模拟拦截敌方来袭战略导弹，则是将错就错的神来之笔。

此前《简氏防务周刊》等权威媒体估计，“标准-3”导弹只能对付射程3000千米以下、飞行速度不超过4000米/秒的弹道导弹。但这次被拦截的USA193卫星速度达到7400米/秒，已经超过洲际导弹的再入速度，可见《简氏防务周刊》等权威媒体对“标准-3”导弹的潜力估计严重不足。除了射程与拦截速度出人意料外，“标准-3”导弹的精度也非常之高。

此前美国“关心核问题科学家联盟”资深专家戴维·赖特认为“标准-3”导弹成功拦截卫星的概率在50%左右；麻省理工学院物理学家杰弗里·弗登接受采访时指出即便导弹击中卫星，也只有30%的概率正好命中燃料罐。综合这两种说法，发射一发导弹就命中燃料罐的概率只有15%。虽然美国尚未公布此次拦截卫星的命中点与瞄准点的误差，但以15%的概率命中占卫星总质量16%的燃料罐，其打击精度也十分高了。

有分析家注意到，“标准-3”导弹的动能弹头是在247千米高空拦截住USA193卫星的，这个高度恰恰是早期洲际导弹释放的分弹头出现所谓“二次制导距离”的分导变化的位置。所以有媒体开始渲染经此一役，“标准-3”拥有了拦截洲际导弹的能力。但事实并非如此。

尽管USA193卫星最后的轨道类似于洲际弹道导弹弹头，本次试验尚不能说明“标准-3”导弹系统已具备在实战中拦截洲际导弹的能力。因为USA193卫星的轨道是已知的，每一时刻的位置可以推算出来。而在实战中为达成突袭效果，洲际导弹的发射窗口不会预先让敌方获知。导弹的轨道难以马上确定，并且分导式弹头有机动变轨能力，这对跟踪系统和计算机处理能力都是极大的考验，其困难程度远非拦截卫星可比。

这次拦截行为同样不能说明“标准-3”导弹系统拥有可以摧毁在轨卫星的能力。毕竟USA193卫星被拦截的高度只有200多千米，考虑到高层大气的阻滞效应，在这么低的轨道上运行的卫星会很快坠入大气层，所以没有什么国家的卫星会运行在如此低的轨道上。出于此种考虑，“全球安全”网站的分析家约翰·派克认为此事件与太空军备竞赛无关，因为美国已经有了更好的反卫星方法，没有必要通过发射反导系统导弹打击即将再入大气层的卫星来显示太空战的实力。

所以综合考虑，此次行动也许更有可能像美国所说的那样，是“单纯的拦截防御手段”，而非带有战略进攻企图的反卫星试验。但借助拦截USA193卫星的演练，美军提升了反导系统的作战能力是不容置疑的。美国参谋长联席会议副主席、四星上将卡特怀特也说此试验是“宙斯盾”弹道导弹防御系统与其他导弹防御系统（如遍布美国的导弹预警系统）组成的合成演练。

“我们看到了侦察卫星的谢幕”——天文爱好者的狂欢夜

美国太平洋舰队司令基廷称，美国击落失控侦察卫星的行为为其他国家树立了一个“行动透明化”的榜样，“不但事先通知大家我们会做什么，也告诉大家我们会怎么做，这是非常公开的行为”。此番言论虽被《纽约时报》等媒体看作是为美国试验反导系统寻找合理化的借口，但全世界的天文爱好者确实从这种“透明化”中得到了不少乐趣。

观测人造卫星历来是天文爱好者的一个传统活动。这次事件也为天文爱好者大显身手提供了良机。本着太空属于全人类、太空资源各国共有的原则，目前各国发射航天器都会向联合国提交轨道参数，这就为天文爱好者对其进行跟踪提供了便利。除了前文提到的观测与监听活动以外，在美国宣布要击落该卫星后，全球天文爱好者中更是掀起了一股观测USA193卫星的热潮。

卫星被击落时，西半球正好在发生月全食，不少本打算观测月全食的天文爱好者碰巧看到了USA193被击中后的盛况。在“太空气象”网站上，有一位身处夏威夷、名叫罗布·拉特科斯基的网友张贴出两张自己拍摄的照片：在第一张照片上可以清楚地看到一个亮点，那就是即将被击落的USA193卫星；第二张照片的天幕上有一道淡淡的亮线，据分析那是卫星燃料罐被打碎后肼燃料泄漏而形成的蒸汽云。由于他的拍摄位置距“事发地”很近，有地利之便，故能拍到这样难得一见的景象。

“我当时很难相信自己真的拍到了卫星碎片，但是和我在一起的另外两个人也在天空中导弹撞击点的位置看到了移动非常快的亮点。”拉特科斯基在接受“太空网”采访时说。

随着卫星碎片纷纷坠入地球大气层，处于卫星轨道下方的美国西北部和加拿大地区也有人看到了仿佛流星雨般的景象。加拿大皇家天文学会乔治王子中心的布赖恩·巴特斯比曾说：“我们中心有三十多人看到了侦察卫星USA193的谢幕……大量的碎片轨迹沿着从西南到东北的方向出现在高空。有一个轨迹最显眼，又大又明亮。我看到了6条很亮的轨迹，还有15条暗一些的轨迹。碎片轨迹呈现出‘波浪’状，第一波碎片明显比后来的碎片要亮。轨迹以扇面形散开。”这一观测结果也与之前网友用软件模拟的卫星碎片运动模式相符。

在此次导弹拦截卫星产生的碎片中，有50%在10至15小时内坠入大气层，剩下的绝大多数碎片也会于一个月内坠入大气层。对此，有一位天文爱好者在“水木清华”天文版上感慨道：希望其他国家不要仿此进行反卫星试验，将太空变成恐怖的战场；期待各国能铸剑为犁，为消除近地小天体的威胁而共同努力。

第九章

月球属于谁

2013年12月，“嫦娥三号”探测器携带中国首台月球车登陆月球。月球表面第一次出现中国车辙。2019年1月，“嫦娥四号”探测器自主着陆在月球背面南极–艾特肯盆地内的冯·卡门撞击坑内，实现人类探测器首次月背软着陆。月球及其资源的归属，又一次成为热门话题。

“嫦娥四号”着陆器与“玉兔二号”巡视器（月球车）在月球背面互拍影像图

从历史说起

1969年7月，当宇航员阿姆斯特朗把美国国旗插在月球表面时，他宣布：“我是为全人类的和平而来。”这绝不是一句空话。占领月球已经被1967年签署的联合国《外层空间条约》禁止。该条约规定：

第一款：外层空间，包括月球和其他天体，在平等和与国际法一致的基础上应无区别地为各国自由探测并利用，各国可以自由到达任何区域和天体。各国可以自由在包括月球和其他天体在内的外层空间进行科学考察活动，各国应推动并鼓励此类考察的国际合作。

第二款：外层空间，包括月球和其他天体在内，不能作为主权国家声明占有，或出于利用及其他目的占有。

探索未知之地、做出新的发现是人类好奇心的崇高体现。无论是填补地图上的空白还是填补元素周期表上的空缺，其精神实质是相似的，都是好奇心与发现优先权的较量。于是我们看到地图上（乃至月球图上）到处写满了发现者（或者是赞助人）的名字，较为靠后的元素符号也用大科学家的姓氏来彰显学术界公认的功绩。

早在1959年9月14日，苏联发射的“月球2号”探测器任务取得成功，它成为第一个击中月球的人造物体，除了发回有关月球磁场和辐射带的数据外，它还把象征主权的苏联国徽留在月球表面。这可以说是对两年前美国一个设想的回应：1957年，全世界都笼罩在核战争的恐怖阴云下，想象力丰富的美国人想出了把美国国旗以“火箭飞镖”的方式插入月球土地的办法。他们还煞有介事地画了示意图发表在公开出版的杂志上。

宣示所有权是发现者的特权和本能反应。在更早的15世纪80年代，海上探险家迪奥戈·康抵达刚果河口时，就踌躇满志地在那里竖起了带有十字架的石柱作为“到此一游”的标记。这不但标志着基督教世界的最远疆界，也宣称了属于发现者本人的特权。后来迈向未知领域的探险者大多要在新疆域里留下点什么：比迪奥戈·康晚一个世纪的吴承恩在创作《西游记》时，让孙悟空在其自以为的擎天柱下留下了生物学印记——一泡猴子尿；1921年1月，历尽千辛万苦挣扎到南极腹地的英国人斯科特失望地发现，原来阿蒙森已经抢先把挪威国旗插在了南极点的冰雪中，这表明他只能在历史性的极地竞赛中屈居第二……总而言之，如果有做出发现的实力，任何人都可以做类似的事情，公开宣扬自己的发现和成就，并接受历史的评判。

当然，插旗是一回事，宣示主权又是另外一回事了。由于政治力量的变幻，地球上曾先有新阿姆斯特丹的地名，后来又变成了纽约；月球上会不会也“城头变幻大王旗”，哪天冒出一个叫“新新德里”的地方呢？这可不好说。因为一直有人试图成为“月球地主”，宣称自己拥有月球的主权。

月球的“地主”们

在威尔斯《月球上最早的人类》这部小说中，主人公掌握了飞向月球的技术后，首先想到的就是获得对月球乃至所有星球的“优先购买权”，类似西班牙对于美洲黄金的垄断权利，进而建立人类殖民地。

“月球地主”并不只存在于科幻小说中。2005年10月，北京曾冒出了一家“大中华区月球大使馆”，公开经营太空旅游和进行月球开发，并全权负责在大中华地区出售月球土地。当年12月21日，北京市工商局对其下达处罚决定书。随后“大中华区月球大使馆”CEO（首席执行官）对北京市工商局进行起诉。2007年3月，北京市第一中级人民法院终审认定销售月球土地行为属于投机倒把，而且强调我国于1983年加入的《外层空间条约》规定，特定国家管辖范围内的公民和组织无权主张月球所有权。

“大中华区月球大使馆”虽然关闭了，但它绝不是第一个声称对月球拥有所有权的组织，也不会是最后一个。早在1952年2月，一个位于美国伯克利市的科幻迷俱乐部就曾致信联合国和美国总统，宣称在月球宁静海的一块三角洲归他们所有。这个俱乐部这样做，不过是为了博取名声，还没有想到营利，算是纯粹的科幻行为艺术。到了1953年，智利一名律师维拉为了竞选某俱乐部主席一职，需要巨额财富证明，就擅自在一本杂志上宣布，整个月球都归他所有。智利税务局得知此事，要求他缴纳财产税。维拉律师并没有拒绝交税，但表示税务局应该先派人到月球实地查看他的财产，进行估价后才能确定纳税额。至今智利税务局也没能派人上去查看，律师果然不是好惹的。1955年，曾经在纽约天文馆工作过的一个名叫罗伯特·库尔兹的美国人首次尝试出售月球不动产，每英亩售价才1美元，只是没有人买他的账。1969年，“阿波罗11号”发射后不久，一个巴西人因以25美元一块出售月球土地而被巴西警察逮捕。在加拿大和荷兰，也有人因出售月球土地涉嫌诈骗而被捕受审。

唯一靠卖月球地皮赚到钱的人非美国人丹尼斯·霍普莫属。1980年，这位前口技演员在失业和离婚的压力下铤而走险，宣称月球的土地为他所有，并在美国旧金山的土地登记局登记，然后又给美国和苏联政府以及联合国写信，重申这一主张，表示如果有异议，可以与他交涉，否则他的主张生效。美苏政府和联合国自然不会理他，于是他在内华达州开了一家名为“月球大使馆”的公司，批发兼零售月球土地。迄今他已经售出了625万美元的“土地”，每英亩月球土地价格几十美元。那家“大中华区月球大使馆”就是该公司在中国的总代理。但是花钱购买月球土地的人不会当真以为自己拥有了一块月球土地，他们只是花些小钱买了一本印刷精美的月球土地证而已，就像2012年人们在网上买“挪亚方舟船票”一样。

不仅是月球，其他天体也曾被人主张过所有权。1997年，三个也门人在也门法院状告美国宇航局，指控美国没有事先通知他们并取得他们的同意，就发射“火星探路者”飞船。他们声称在三千年前，其祖先就取得了火星的所有权，他们从祖先那里继承了对火星的所有权。对这三个人，大家只是一笑置之。2003年，美国人内米兹向内华达州地区法院起诉，声称美国宇航局对小行星爱神星的探测侵犯了他的私有财产权，导致了500万美元的损失，要求赔偿。美国法院一审和二审均驳回了他的诉讼。法院认为在美国现有的法律里没有规定个人可以取得对月球和其他天体的财产权，而且美国签署的《外层空间条约》没有规定对小行星拥有私有财产权。美国如此，中国也不含糊，倒卖月球土地被取缔自不必言，就连月球上的地名，也不是一般人能够随便命名的。2010年8月18日，民政部发布第182号公告，公布了第一批月球地名标准汉字译名共468条，目的是“规范当前月球地名使用中的混乱现象，实现月球地名标准化，满足月球探测、科学研究和社会应用的需要”。早在2009年7月，民政部地名研究所曾就月球地名面向社会征求意见。根据民政部网站的信息，该部下属的区划地名司主要职能包括：国际公有领域和天体地理实体的地名命名、更名以及边境地名的审核报批。那些妄图成为太空地主的人该清醒了，月球和其他天体绝对不是私人可以觊觎的，就连名字也不行。

公地悲剧

《月球协定》规定：月球及其自然资源是全人类的共同财产。但这种天体的集体所有制有一个麻烦，就是“人人都有，人人又未必真的拥有”。用经济学术语来说，就是“公地悲剧”问题。它讲的是有一种不能排除其他人使用的公共资源（如海洋、极地、大气等），由于其资源总量有限，一部分人或全体人的滥用将导致其他人或全体人的利益受到损失。

以南极洲为例，这是一块矿产丰富、拥有整个地表淡水储量72%的无主之地。英国、澳大利亚、法国、新西兰、挪威等7个国家曾先后对它提出主权要求。1940年，这7个国家依据各自提出的所谓“发现论”“占有论”“扇面论”自行决定对83%的南极大陆实施瓜分。要不是“二战”爆发，南极洲已经是另一个样子了。1959年12月，阿根廷、智利、英国等12国签订了《南极条约》，规定南极洲仅能用于和平目的，不过《南极条约》只暂时冻结了各国的领土主权要求，附属于领土的诸如大陆架等方面的权利则没有界定。至于中国为何要去万里之遥的南极进行科考，国家海洋局极地考察办公室有关人员在接受媒体采访时说得很实在：“南极地区蕴藏着神秘的地球信息、丰富的资源矿藏，对于每一个国家都具有重要的科学和政治经济意义。”从科学考察和极地活动话语权的角度看，南极地区有4个必争之点：极点、冰点、磁点和最高点。前三个点已分别由美国、法国和苏联占据，中国将探索第四个点——最高点。DOME-A（冰穹A）正是最高点，这个地区拥有地球上其他任何科学观测站都无法替代的独特自然条件。

显然，月球也是类似南极这样的“公地”。而《月球协定》就是规范这块公地使用的法律。但作为国际法文本，只能规定一些大原则，不可能事无巨细。例如里面提到“所有缔约各国都享有不受任何种类的歧视，在平等基础上，并按照国际法的规定在月球上从事科学研究的自由”。但是提取1克氦-3进行科学研究与采集1吨氦-3进行可控核聚变“研究”是大不一样的。再如，“各缔约国可在月球上建立配置人员及不配置人员的站所”。显然，那些地势优良，日照充足，自然资源（尤其是水冰）富集，又便于飞船降落和起飞的地点在月球上是有限的，在那里建设月球考察站和月球基地自然是最划算的。谁有权先到先占呢？还是靠实力来说话。

在探索和利用太空以及制定外层空间法律规则的历史过程中，国家间充满了矛盾和冲突，发达国家和发展中国家，特别是苏美两个超级大国与第三世界国家之间存在着难以调和的矛盾。在发射卫星、利用地球同步静止轨道问题上，苏美依仗航天技术优势，抢占有利地位，刁难他国，引起了普遍的不满和反对。1976年，哥伦比亚、刚果、厄瓜多尔、印度尼西亚、肯尼亚、乌干达和扎伊尔等国在哥伦比亚首都波哥大签署了关于地球同步静止卫星轨道的宣言，宣布对它们领土上方相应的轨道段拥有主权。赤道国家的这一立场自然遭到苏美等国的强烈反对。在制定《月球协定》的过程中，苏美与第三世界国家也存在尖锐对立。第三世界国家坚持月球及其自然资源是全人类的共同财产，而苏美则拒绝这一主张。联合国经过7年的谈判，终于在1979年第三十四届联大通过了《月球协定》，宣布月球是全人类的共同财产，各国不得以任何方式据为己有。

只要《外层空间条约》和《月球协定》仍有国际法的约束力，加入这两个国际条约的国家就不能宣布月球为本国领土，但这并不妨碍各国航天人在爱国心的驱使下将所在国的国旗放在月球上。

擦边球：对月球主权的宣示

月球是夜空中最明亮的星体，月亮在各国文化中都具有独特地位。对月球的探测既有科学意义，也有文化乃至政治意义，象征着对科学知识乃至对月球本身的占有。因为冷战时期意识形态对抗的需要，探月活动从一开始便与政治挂钩了。当年“月球2号”探测器发现了月球没有磁场，但媒体大肆宣扬的是最具噱头的撞击月球，并把这看作苏联技术超越美国的象征。与“月球2号”探测器一同上了月球的还有两枚镶有苏联国徽的标志物。撞月第二天，赫鲁晓夫毫不掩饰得意扬扬的笑容，把一个带有苏联国徽的标志物复制品送给了美国总统艾森豪威尔。后来，印度的尼赫鲁、法国的戴高乐、印尼的苏加诺都收到了类似的来自苏联的礼物。

美国做得更霸气。在“阿波罗11号”软着陆月球后，宇航员在宣称“月球属于全人类”的同时却在月球上插了一面星条旗。尼克松政府还把美国宇航员在月球上收集的近270块岩石送给了世界上130多个国家。“阿波罗11号”收集的被当作礼物赠送给其他国家的每块岩石样本重量约有0.05克，仅比米粒大一些。“阿波罗17号”收集的被当作国礼的岩石样本每块重约1.1克。它们都被封闭在塑料球体内，这样既起到了保护作用，又便于观看。考虑到曾动用了有史以来最大的火箭，花费了250亿美元，只有382千克月球物质被带回到地球上，这种馈赠行为可谓花费不菲，且极有面子。

2008年10月22日，印度成功发射该国首颗探月卫星“月船1号”，跻身“探月精英俱乐部”行列。他们把一面印度国旗留在了月球表面。《印度快报》以“三色旗（印度国旗）登上月球”为题，称印度已经继苏联、美国和欧盟后，成为第四个有能力把物体送上月球的国家。当然，把国徽、国旗送到月球上并不代表拥有了对月球的主权，但是能把主权象征物送往月球，却显露了占有并开发月球的潜在实力。

《月球协定》第八条第三款规定：“缔约各国在月球的表面或表面之下的任何地点进行其探索和利用的活动不应妨碍其他缔约国在月球上的活动。”既然两个物体不能同时出现在一个空间内，那么为了避免“妨碍”，对月球的探测与利用只能遵循“先来后到”原则。越早在月球上安营扎寨的国家，实际控制地盘就越多，优势也越大。

中国的航天专家在接受媒体采访时也说“维护我国月球权益需要探月工程”：实施月球探测工程，是维护中国月球权益的需要。尽管《月球协定》规定，月球及其自然资源是人类共同财产，但是随着当前主要航天国家和组织正加紧实施月球探测计划，如何维护中国的太空利益已成为亟待关注的问题。我们只有开展月球探测并取得一定成果，才具有开发月球权益的实力，才能维护我国合法的月球权益。

谁是“全人类”？

针对“月球和其他天体属于全人类”这一《外层空间条约》的基本原则，我们可以做科幻的联想，看看它在未来还是否成立：

随着航天技术的进步与普及，天体的所有权会有一番新局面。试想，私营企业的小行星矿工在小行星上结婚生子，孩子在小行星上成长，一代代地开发小行星，直到有一天，觉悟了的小行星原住民宣称自己对其参与建设了的、生他养他的小行星具有所有权，并拒绝向地球提供廉价矿物，地球人该怎么办？于情于理，这都令人想到美国独立战争中的双方——殖民地儿女和宗主国。海因莱因的科幻小说《月亮是个严厉的女人》就讲了这样一个故事，土生土长的月球人类再也不愿意对地球俯首称臣了。

如果未来太空中出现“尼莫船长”那样无国籍乃至无“地球球籍”的人和组织后，他们完全可以根据“谁发现、谁开发、谁拥有”的古老海洋信条，对那些尚不被人知的天体提出所有权主张。如果太空时代的“尼莫船长”也像凡尔纳笔下的那位（见科幻小说《海底两万里》）一样富可敌国、力可敌国的话，那么更没有国家或国际组织能对其太空圈地行为提出异议或做出约束了。毕竟，出力探测、登陆、开发、维护过一个天体的人为何要与没做过这些事的人共同享有该天体带来的收益呢？如果经济基础决定上层建筑的原则仍然有效，那么未来太空中的种种新现象也会迫使关于太空的法律做出相应改变。

上面说的还都是人类之间的事。如果人类遇到外星人呢？显然，人类制定的《外层空间条约》对人类之外的物种是没有约束力的。电影《阿凡达》中，地球矿业公司在“阿凡达”星球的开采征得纳美人的同意了吗？科幻小说《银河系漫游指南》中，为了拓宽银河系高速公路，得推平太阳系，需要征得地球人的同意吗？《变形金刚3》和《黑衣人3》中外星人在月球上大打出手的行为显然违背了《月球协定》第三条第二款：在月球上使用武力或以武力相威胁，或从事任何其他敌对行为或以敌对行为相威胁概在禁止之列。人类又能拿他们怎么办？

《月球协定》还规定：“缔约各国应将其在外层空间，包括月球在内所发现的可能危及人类生命或健康的任何现象以及任何有机生命迹象，通知联合国秘书长、公众和国际科学界。”但情况很可能如科幻小说《2001：太空漫游》中设想的，美国人一开始就把外星人留在月球的“独石”T.M.A.-1同第三个中国月球远征队联系起来，这样他们就可以“关系国家安全”为由，进行秘密调查了。事实上，根据续集小说《2010》中的说法，美国总统直接下达了命令，“独石”的存在应绝对保密。

所以，月球以及其他天体的归属问题，初看是一个科技问题，仔细分析则是法律与政治问题，本质上又是一个有科幻色彩的、面向未来的问题。在不同的科技发展水平下，这个问题将有不同的答案。

回到现实中，目前全世界200多个国家中，只有澳大利亚、奥地利、智利、墨西哥、摩洛哥、荷兰、巴基斯坦、菲律宾和乌拉圭这9个没有航天能力的国家批准了《月球协定》；另有法国、危地马拉、印度、秘鲁和罗马尼亚5国签署了协定，但尚未获得国内立法机构批准；美国和俄罗斯这两个航天超级大国则明确反对将月球定位为全人类共同的财产。

月球到底属于谁，仍是个未知数。

第十章

美国宇航员在俄罗斯的奇遇

俄罗斯的粗犷训练

“再跳高一点！试着在空中翻跟头！”蹦床下的教练大声用俄语喊道。但此刻正在蹦床上飞舞的杰瑞·利宁杰想的却是怎样才能让双脚落地，不要扭伤脖颈才好，同时暗暗抱怨这种杂技式的训练对克服失重有什么意义。这一幕发生在莫斯科东北30千米的树林里。这个名叫“星城”的绝密小镇从1964年起就一直是苏联宇航员的训练基地。但现在哨兵已经习惯于记住熟识的美国人面孔，在他们做出掏证件动作时就挥挥手放他们进去。

自1995年开始联手实施航天飞机与“和平号”空间站对接计划以来，美国人和俄罗斯人已针对共同目标合并了训练项目。杰瑞·利宁杰便是首位在星城接受训练的美国宇航员，后来他乘“亚特兰蒂斯号”航天飞机登上了“和平号”空间站。这个象征性的举动后来发展为大规模的合作。因美国航天飞机已于2011年停飞，新研发的“猎户座”飞船尚未投入使用，这中间的空档期就由俄罗斯飞船填补。飞船将承担运送人员和物资去往国际空间站的责任，但是俄罗斯可以把额外的位置卖给其他国家和太空旅游者。

争相前往俄罗斯受训的不但有腰缠万贯的富豪，也有渴望把本国公民送上太空的国家。除了六位私人太空游客以外，现在已经有巴西、瑞典、马来西亚、韩国的宇航员在星城受训并飞往太空，后面排队的还有印度等国。

这些候选者中只有来自美国宇航局的美国学员才能深切体会到美俄两种不同训练方式的差异。这些人之前都曾在约翰逊航天中心接受过系统训练，而其他太空游客的太空履历只是一张白纸，所以美国学员的感受往往更痛苦。

俄国国际空间站长期考察员在“TSF-18”离心机上参加训练

现役美国宇航员只有乘坐航天飞机上天的经验，当他们面对星城中重300吨、长18米的“TSF-18”离心机时第一反应就是：我已经到过太空而且在任何时候都感觉良好，为什么不安排更多有趣的网球赛呢？但俄罗斯教练没那么好通融，不少受训者都在上面因受不了超重而晕厥。高达10个g的超重（用经历者的话说就是“将近一吨的沙子将你慢慢掩埋”）是不可能在航天飞机上出现的，但在“联盟TM号”飞船再入大气层时却是常事。作为“联盟号”的乘客，必须学会忍受这一点，即使是女性和太空游客也不能例外。美国宇航局在俄罗斯的载人太空飞行计划负责人鲍勃·卡巴纳关注更宏观的层面：“我们选择了双方最出色的项目。最初，我们的方式略有不同。俄罗斯人有专门的课堂教学——要记一大堆笔记，然后是口试和笔试，他们现在更多地借助电脑辅助训练。在美国，我们增加了考试的次数，并且创立了一种更为正规的课堂环境。”

建立信任

美俄两国宇航员之间建立密切合作关系并非一帆风顺。20世纪90年代中期，两国合作建造国际空间站的起步阶段，在星城受训的美国宇航员就曾面临补给短缺和信任危机。迈克尔·巴勒特是一名曾参与培训进入“和平号”空间站的宇航员。他回忆说：“那时货架上什么食物都没有。一个星期七天，我们有五天时间只能靠吃大米和豆子充饥。”俄罗斯加加林宇航员培训中心的美方事务主管约翰·麦克布赖恩对此也有切身体会。他于1994年7月至10月在星城接受培训，期间由于食品短缺，短短3个月就瘦了大约14千克。此外，美俄两国宇航员在合作初期的信息交流也不畅通，双方还曾出现过信任危机。

首批前往星城受训的美国宇航员就怀疑他们曾受到俄罗斯情报机构监视。马克·鲍曼回忆起当时与美国上司每周一次的远程电话会议时说：“通话30分钟后，线路就会自动中断，之后每30分钟就会断一次。”一次，他打算戏弄一下潜在的“窃听者”。在电话打到28分钟时，他提醒电话那头的上司电话可能中断，一会儿再打个更长的电话吧。放下电话后，“这时我希望那帮家伙去换长一些的磁带了”。第二个电话果然没有出现30分钟的中断，但坚持到第45分钟，还是断线了。对此，鲍曼认为，经过暗示后，“好客”的主人们已经把磁带从双面60分钟升级到了双面90分钟。

让两个各有数千枚核弹瞄准对方的大国消除敌意并不是件容易的事。何况，无论是在美国还是在俄罗斯，载人航天工程都与早期的洲际导弹计划有千丝万缕的联系。要在这个高度敏感的领域展开深入合作，既是化干戈为玉帛的伟大尝试，也对其他科技领域的合作有显著示范意义。

在一些政治家眼中，美俄在载人航天领域中的联合行为与其说是“合作”，不如说是“买卖”更恰当。在这笔牵涉政治与技术的交易中，双方手中都有些好牌，也都不愿一次把好牌打光。俄罗斯知道美国人在未来几年里不得不依赖“联盟号”把自己的宇航员送上国际空间站，所以，向美国人收费是必然的。但俄罗斯绝不满足于仅仅扮演“太空马车夫”的角色，他们想借此获得在国际空间站上，乃至未来的联合探测月球或火星行动中的更大支配权。

保密的问题也深深困扰着美国人。在合作的初期，它也成为交易中“要价”的一种手段。但过度保密也会坏事。1997年6月，俄罗斯未对“进步号”货运飞船与“和平号”空间站对接时潜在的风险给出预警，结果差点对在“和平号”里工作的美国宇航员迈克尔·弗里的生命构成威胁。

合作双赢

除了在训练中取长补短之外，双方都能从对方那里学到其他东西。美国开发运行载人飞船的经验还停留在20世纪70年代的“阿波罗”时期。三十多年来，俄罗斯的载人飞船已经发展了好几代，与此同时，美国选择了截然不同的发展路径——航天飞机。现在再重新捡拾飞船技术，要学的东西还有许多。如果美国打算通过“猎户座”飞船一举超越中国的“神舟”与俄罗斯的“联盟TM”，了解对手的底细将是第一步。

对美国而言，重走回头路，舍航天飞机而再续与载人飞船的情缘也有技术上的难度。毕竟已经有三十多年没有碰过飞船了，眼下有机会派出大批宇航员乘“联盟TM”这种最成熟的飞船进入太空，花些钱也是值得的。内行看门道，这些打上俄罗斯烙印的美国宇航员将来也是“猎户座”飞船的用户群，他们的反馈和建议对飞船设计师极具参考价值。至少，美国的第三代飞船将在人机界面设计上会少走些弯路，很可能与俄式飞船趋同。

目前美俄航天器最大的不同是设计风格的差异。像汽车与飞机一样，美国人设计的飞船或航天飞机都追求高技术的运用，而俄罗斯的风格则是最大限度地运用简单成熟的技术，把它们有机地整合起来，达到高难度的应用。经过这些年的竞争与合作，美国人越来越发现俄式设计理念的妙处，也希望摆脱那种片面追求技术先进性的发展方式——航天飞机便是大量运用高科技却极其脆弱的技术复合体的典型代表，曾使14位宇航员殒命天空。美国的新一代飞船很有可能走一条简约但可靠的新路。

相对而言，俄罗斯学到的东西要抽象一些。与美国人的合作让他们懂得科学管理与严谨行事的好处。这些虽然不像具体技术那样看得见摸得着，但一旦合理运用，其效果也是立竿见影的。当年技术水平相近的苏联和美国在争夺登月“第一名”的竞赛中之所以分出了高下，根本原因在于美国采用的科学管理模式起到了事半功倍的效果。而苏联科技的僵化模式并不鼓励创新与协同，最终导致登月失败。如果俄罗斯人足够聪明，便不会在太空中再犯类似的错误。

随着交流的深入，对于身处异域的美国宇航员来说，他们面对的冷漠乃至敌意的目光也越来越少。特别是他们尝试融入当地的严寒环境，试着像本地人一样猛灌伏特加、洗桑拿后，星城的人开始把这些优秀的小伙子当成自己人了。宇航员杰弗里·威廉姆斯在谈到自己在俄罗斯的生活时表示，其间他去了几次“俄式桑拿”，并很快爱上了这种休闲放松的活动。在滴水成冰的冬天，桑拿室内却热浪滚滚，不管认识不认识，大家都不介意互相帮忙，用柳条抽打别人后背帮助放松。在这种融洽的环境里，不会再有人想什么讨厌的“地缘政治”了。

第十一章

大航天时代的前夜

在休斯敦东南部海滨的约翰逊航天中心里，有一枚“土星5号”火箭静静地躺在草地上供游人拍照留念。这个一百多米长的庞然大物让人觉得威严而又伤感：它曾将“天空实验室”“阿波罗”飞船送入太空；现在，却只有野鸟在上面筑巢。据说，美国宇航局粗心的档案管理者竟把它的部分设计图纸弄丢了。

在“土星5号”大展神威的20世纪60年代，有不少人自认自己生活在“太空时代”。其实，他们不过是被苏美太空竞赛的新招迭出弄得眼花缭乱罢了。在那个十年中，仅仅有几十个宇航员进入了绕地球轨道、两个人登上了月球而已。商业性质的卫星电视转播还处在萌芽期，全球卫星定位系统只是纸面上的构想，多数应用卫星都是窥测对手虚实的军事侦察卫星……在航天业能真正惠及百姓之前，“航天时代”远谈不上已经来临。

现在，我们每天都能享受航天科技带来的实时天气预报与电视实况转播，还能吃到太空育种的农产品，已经有数百人飞出地球，只要你足够富有，就可以到国际空间站游览一番。预计到21世纪20年代，太空旅游将成为一项盈利的产业。

对于中国、印度等有志在航天领域取得突破性成果的国家来说，2007年是具有关键意义的一年。这一年，中国发射了“嫦娥一号”月球探测器，并用“神舟七号”载人飞船实现太空行走；印度则准备卫星回收试验，发射月球轨道探测器；日本也发射了“月亮女神”月球探测器。同时，太空探索领域的两个传统强国也在这一年增加相应投入。美国启动新的航天计划，展开“凤凰”火星探测计划；俄罗斯政府也宣布大幅度提高航天领域的预算。一轮新的空间探测热潮正在各国政府间展开。与此同时，民间力量也介入航天领域，从太空旅游到商业发射都有私人公司的身影。人类真正进入了“航天时代”。

这个时代堪比15世纪末的地理大发现时代。1492年，哥伦布代表西班牙王后伊莎贝拉发现了美洲；几年后，受葡萄牙君主委派的达·伽马发现了绕过好望角直达印度的商路。此后不久，西班牙和葡萄牙垄断了香料贸易，劫掠了阿兹特克帝国和印加帝国的金库，开采了墨西哥和秘鲁的银矿，一跃成为海上大国。

亚当·斯密说：“美洲的发现、经由好望角前往东印度群岛航道的发现，是人类历史上所记载的最伟大、最重要的事件。”

20世纪也有与地理大发现相媲美的重大事件。也许，后世任何一个历史学家在提到20世纪时，都会提到两个日子：1957年10月4日，苏联发射第一颗人造地球卫星——这标志着“航天时代”的肇始；还有1969年7月20日，那一天美国宇航员登陆月球——这是人类第一次涉足另一个天体。

美国的载人航天计划耗费30年时间在航天飞机上兜了一圈后，又重新回归飞船时代。美国宇航局局长迈克尔·格里芬对此直言不讳：“我们每个人都能看出来，我们一度做出错误的选择，现在我们应该考虑如何将这些错误造成的损失减小到最小了。”航天飞机飞行项目已导致14名优秀宇航员丧命，还搭上了1500亿美元的经济投入。事实证明，航天飞机是一个技术早产儿。它诞生在材料技术、计算机技术尚不成熟的20世纪70年代，却要完成本该是21世纪才需要的工作。美国现在回过头来研制的新载人飞船名叫“猎户座”，是一艘20世纪60年代风格的飞船，类似于其对手——俄罗斯的“联盟号”和中国的“神舟号”。迈克尔·格里芬戏言它是一艘“吃了类固醇的‘阿波罗’飞船”。

与“猎户座”同时推出的还有重返月球计划。小布什总统曾提议最晚不超过2020年让美国宇航员重返月球。现在看来，这个时间要继续推迟了。根据美国宇航局曾公布的“全球探索战略”和“月球基地计划”，首先将派遣一支由4人组成的登月小队去执行早期任务，每次任务时间为7天左右。此后还将不断有宇航员轮换接替他们，陆续建造电力供应系统和宇航员居住区等，这个进程将持续到维持生命所需的基本设施安装齐全，估计需要4至6年时间。到2024年，月球基地已具备基本功能，这时科学家就需要轮换驻扎在月球上，每次的时间可长达6个月。在月球基地运行已渐趋正常，而科学家也对月球进行过一次全面观测后，更宏伟的进军就要开始了。预计到2027年，宇航员就能乘坐带有氧气舱的飞行器离开月球基地，前往月球表面更远的地方探险，甚至是去火星。

这么多国家肯投入巨资探测月球不全是出于科学目的。月球表面的荒凉就像中东沙漠，而它的资源蕴藏可能远大于中东。月球上已知有100多种矿物，其中有5种是地球上没有的。月球岩石富含硅、铝、钾、磷、铀、钍和稀土元素。据初步估算，月岩中的稀土元素达225亿至450亿吨，铀元素达50亿吨。

在月球表面厚厚的尘土中，还蕴藏着一种非常重要的能源——氦-3。这种由太阳风带来的元素是可控核聚变的主要原料之一，地球上的全部储量只有15吨左右。据估算，月球上的氦-3储量达100万至500万吨，一旦开采利用，能够满足人类社会两千年的能源需求。探测氦-3储量是中国“嫦娥一号”探月卫星的重要使命之一。

美国则主要关心眼下就要面对的问题——月球上水的分布。2008年发射的月球勘察轨道飞行器在距月面50千米的高度绕月飞行，拍摄月球表面高清晰度图片，并用高分辨率中子传感器寻找月球极地存在水冰的证据。对未来的月球移民者来说，大量的冰是个福音——这意味着他们能够用水来维持生命，并将水电解为氢氧作火箭燃料。

与美国类似，财力雄厚的欧洲没有把月球探测目标局限于技术试验和一般的科学研究。欧洲有一个“曙光计划”，其最终目标就是建立月球基地，并以此为跳板实施载人火星探测。

曾最早发射月球探测器并与美国开展登月竞赛的俄罗斯继承了苏联航天的优秀传统，他们也试图重现往日的辉煌。理论上，他们具有载人登月的能力，但谁会满足于仅仅重复“阿波罗”式的登月冒险呢？目前他们暂时忙于培训太空游客和承揽商业卫星发射订单。不过可以肯定的是，具有大推力运载火箭和可靠载人飞船的俄罗斯人在重返月球上也许会比美国人慢半拍，但很可能会领先于其他国家。

至于中国、日本、印度等国，尚处于无人探月工程“绕”“落”“回”三部曲的“绕月”或“落月”阶段，短期内尚无力进行载人月球探测。但据中国人民政治协商会议全国委员会委员、中国载人航天工程运载火箭系统原总指挥黄春平透露，在资金到位、项目按时启动等理想条件下，中国完全有能力在15年内将载人航天器送往月球。

也许有人质疑，地球上的事情尚未办好，耗巨资把人送上月球是否值得？以美国的月球基地计划为例，从现在算起的20年内，预计支出将达2170亿美元。难怪“嫦娥工程”首席科学家欧阳自远院士经常以探月工程3年的花费与修地铁相比：“14亿人民币相当于修两千米地铁。”从小布什抛出重返月球计划至今，与月球勘测轨道器相关的许多设计仍停留在纸面上，美国上下仍缺乏探月热情，美国宇航局将大部分精力和财力投在了维护国际空间站上，登月项目的经费至今没有得到参众两院的批准。

也许美国政客认为全民医保和反恐战争比月亮上的事更为现实。但是也有不少科学家认为与其花大力气搞载人航天，不如做花钱少而收益更多的无人航天项目。

美国著名的“科学先生”、行星天文学家卡尔·萨根就认为载人航天其实并不必要，美国载人航天经费的零头就够实施几个“旅行者号”探测项目了——载人航天需要保障宇航员的生命安全，这无疑增加了技术的复杂程度和开销。至今人类也没能飞出月球轨道的范围。而40年前发射的“旅行者号”在探测了木星、土星、天王星和海王星之后已经飞出太阳系了。

也有科学家认为，类似探测火星的长距离太空飞行中肯定会产生不少细节问题，而仅仅依靠事先设定程序的机器人根本无法应付各种突发事件。华盛顿大学太空政策学院的约翰·罗格斯顿说：“我可以命令一个机器人为我端一杯咖啡，它却会因为不懂得跨过地上的一张小纸片而摔个脚朝天。换句话说，机器人的应变能力有限。”

机器人或许在火星表面遇到沙暴时会束手无策，但是无人航天器在传统领域比宇航员的效率高得多。目前，太空中正在运行的人造卫星数以百计，执行的任务不下千种。通信卫星将地球的各个角落连为一体；气象卫星随时监测气压的升降、湿度的变化、台风的路径；导航卫星不但指引着远海中的巨轮，也为城市中的汽车引领方向；资源卫星能揭示沙漠之下的矿藏或估算农作物产量。随着微电子学的发展，在不久的将来，卫星的体积将变得更小，而功能却更为强大。

2005年，一枚俄罗斯火箭把包括“北京1号”在内的数颗小卫星送入太空。普通对地观测卫星通常需要10多天才能扫描到同一个地方，一旦某地发生突发性灾害，可能根本来不及拍摄卫星照片。而“北京1号”加入了“国际灾害监测卫星网计划（DMC）”，通过5颗小卫星组网，数据共享，就可以不间断地监视某一地区。这颗仅重166千克的小卫星能为北京提供覆盖全市的遥感影像，以满足2008年奥运会期间的需要。如同便携式电脑取代笨重的电子管计算机、手机取代昂贵的车载电话一样，小卫星也将与大卫星平分秋色。

航天技术与电子学的结合还打造出了探测宇宙奥秘的科学利器。历史上很少有什么天文仪器能像哈勃太空望远镜这样对天文学研究产生如此深远的影响。在其升空的

16年间，哈勃的资料库中已经包含了超过27万亿字节的数据，还在以每月3900亿字节的速度增加，其中部分数据已经转化为6300篇科学论文。这架太空望远镜及其表亲钱德拉X射线太空望远镜、康普顿γ射线太空望远镜都是光电技术与航天技术的完美结合，向人类展现了全电磁波谱的宇宙图景。

真正的太空迷不会只满足于坐在家里欣赏望远镜拍摄的宇宙美景，一有可能他们就会掏钱自费上太空。尽管约翰·罗格斯顿带着学术界的有色眼镜轻蔑地称私人出资的“太空船1号”的亚轨道飞行是“有钱人在烧钱玩‘笨猪跳’”，但他不能否认如雨后春笋般出现的私人航天公司正在把太空旅游的门槛降低到美国宇航局无法想象的地步。我们知道，在莱特兄弟发明飞机的前十年，飞行一直为少数发烧友所垄断。直到民用航空企业大量出现，工薪阶层也能搭乘飞机出行，“航空时代”才算到来。现在的私人航天热潮不过是历史在重演。

未来的太空旅行将更为便捷。没有受过任何宇航训练的普通人也可乘坐空天飞机飞出地球。这种使用冲压发动机的飞机类似电影《星球大战》中天行者卢克的X翼战机——能够从跑道上水平起飞进入太空，而后可以安然返回，堪称航天飞机的升级版。晕机的旅客还可以选择乘坐太空电梯登上云霄——通过连接在地面和永久性空间站之间的数万千米长的缆绳直升太空。根据英国人估算，目前用航天飞机送一个旅游者需要花费60万英镑，而用太空电梯只需要150英镑。

太空中不全是歌舞升平，它也是地缘政治的重要战场。美国总统肯尼迪曾坦言："谁能控制太空，谁就能控制地球。"在近代史上，"陆权论""海权论""制空权"等理论先后影响过历次大战的胜负。今天，争夺"制天权"的太空战争已不再是一个会不会发生的问题，而是一个时间和方式的问题。美国空军大学的《2024年空军》研究报告预测，到2025年，大部分战争可能不是攻占领土，甚至于不发生在地球表面，而更可能发生在外层空间。2001年，时任俄罗斯总统的普京主持召开联邦航天工作会议，决定把军事航天部队和导弹航天部队从战略火箭军中单列出来，组建太空作战部队。火箭先驱冯·布劳恩说得好："太空中的领导权，就意味着在地上的领导权。"

"无论如何，人类不会永远停留在摇篮中，他们会小心翼翼地迈出大气层，再步入宇宙空间。"宇航之父齐奥尔科夫斯基的预言仍然有效。探索金星和冥王星的探测器已经飞出；太空中的"巴别塔"——国际空间站已落成；在21世纪中叶之前，一定会有人在火星上迈出自己的"一小步"——无论他来自美国、俄罗斯还是中国，都将是人类的杰出代表。

群星之间曾是人类的起源之地——构成我们身体的一切重元素都源自古老恒星的碎片，甚至地球上的最初生命都可能来自星际有机分子。群星也将是我们的归宿——当地球表面再也没有无人踏足的区域后，太空毫无疑问地将成为“新边疆”，激励着充满拓荒精神的人去探索、开拓。

600多年前，郑和船队首航西洋，远播天朝国威于蛮荒之地，所得却极为有限，以致象征财富与文明的新航路和新大陆与华夏无缘。大航海时代最终成就了欧洲文明称雄的五百年。今日，站在大航天时代的门槛上，没有人愿意错失良机。

3

飞天利器

第十二章

航天飞机的前世今生

那是一个明媚的夏日午后，在碧波万顷的爱琴海上，有两只大鸟在空中优雅地扇动翅膀。不，这不是鸟，而是手持羽翼的两个人！年长的便是能工巧匠狄德勒斯，他和儿子伊卡洛斯被囚禁在孤岛上。为了逃离囚禁的命运，父亲便利用岛上的蜡烛和羽毛，制作了两副精巧的羽翅，一副给自己，一副给伊卡洛斯，希望可以借此飞出孤岛。在起飞之前，父亲千般叮咛伊卡洛斯，翅膀是蜡制的，遇热会融化，因此绝不可高飞，要避开阳光。

然而，一旦起飞，伊卡洛斯的内心立刻被好奇与狂喜占据，在天空中的高度观看海洋和岛屿是何其壮观！他逐渐远离父亲，飞得越来越高，听不见父亲的呼唤，他感觉自己的身体被薄薄的翅膀承载起来，他欢欣地迎向灿烂的阳光，他沉迷于透明的蜡制羽翅静静扇动的轻盈感。慢慢地，他感觉到那薄而透的羽翼仿佛泪水一般融化成一滴一滴的液体，在阳光中飞散而去。伊卡洛斯急剧坠落，羽毛纷纷散落下来，他拼命地挥动双臂，并且呼喊父亲，但已经无济于事，他掉到大海中，被汹涌的波涛吞没了。

这个故事描绘了希腊人最早的飞天梦想，并在西方广为传颂。然而，在1986年1月28日“挑战者号”航天飞机折翼前，人们从未想过航天飞机会像伊卡洛斯的蜡翼一般脆弱。

航天飞机也是一个伟大梦想的产物——在天上居住的

梦想。这个梦想的历史比希腊文化乃至19世纪儒勒·凡尔纳关于登月的天才预测要年轻得多，它包括生活并工作在地球以外的空间、建立空间站和太空建筑等。这个梦想是由19世纪末以来的几代科幻小说家笔下涌现的无数关于太空探索的文字构成的。这些讨论太空时代细节的文字也启发火箭先驱们要创造一种可以往返于地球和太空之间的货船，以满足空间站建设和维护的需要。

德国人冯·布劳恩曾是纳粹德国“V–2”火箭的总设计师，也是后来“阿波罗”登月计划的火箭设计师。在20世纪40年代末50年代初的岁月里，人造卫星计划尚未被美国政府看重，洲际导弹也只是一个模糊的影子。冯·布劳恩乐得向普通人推销他征服太空的宏伟蓝图。

也许正是布劳恩预测的航天飞机的潜在用途打动了美国的政治家，他们不惜在20世纪70年代花费上千亿美元把航天飞机托举上天，并在80年代航天飞机初成气候时抛出“星球大战”计划以获得在冷战中对苏联的战略优势。

航天飞机工程的启动，也是为了保持对苏联的太空优势。1969年年初，眼看率先踏上月球的大势已成，美国立即着手研究登月以后太空发展计划的各种方案。9月，以副总统为首的太空任务小组提出报告说：“要发展太空新技术，首先要发展新型的太空运输能力。”第二年，尼克松总统就宣布：“我们正在研究可以重复使用的空间往返飞船的可能性。”

“空间往返飞船”被定名为Space Shuttle，直译过来就是“太空穿梭机”。为了表现其集航天航空技术大成的特点，钱学森把它翻译为“航天飞机”。

“可重复使用”是这种“空间往返飞船”的最大特点。在载人航天的早期，人类进入太空的唯一工具是宇宙飞船，从加加林的首次上天到阿姆斯特朗的登月，概莫能外。至今俄罗斯仍用宇宙飞船为国际空间站接送宇航员和运送物资。然而，宇宙飞船也有许多不尽如人意之处，例如：无法重复使用，不能把较大的卫星、空间站等大型航天器与宇航员一起送入太空。一般认为，“可重复使用”将大大降低太空运输的成本，毕竟用一次就扔的宇宙飞船看起来不那么划算，而把宇航员和卫星一起送入太空则可以充分发挥人的能力。

航天飞机的设想十分美好，但实施起来非常困难。美国人设想了许多方案，都难以达到预想的完美程度。

要从地面起飞，最好是像飞机那样充分利用空气动力，借助升力起飞。这样就要有巨大的机翼，还要水平起飞。所以最早设想的方案像是一架笨重的飞机，比“B-52”重型轰炸机还庞大。为了容纳足够的推进剂，使其加速到第一宇宙速度，巨大的燃料舱占据了机体的绝大部分。让这样的庞然大物飞起来，并进入太空轨道，技术难度可想而知。

后来推出一种方案，将一架航天飞机分成两架，让大飞机驮载一架小飞机。大飞机只在地球大气层中飞行，携带航空燃料即可。在达到一定速度后，被称为“轨道器”的小飞机与母机分离，启动自带的火箭发动机进入轨道。不过，这种轨道器的运载能力有限。航天飞机计划的主要支持者军方并不满意——运载能力降低，就不能发射正在设计的重型侦察卫星了。

1971年，洛克威尔公司推出一种新的两级方案，将轨道器加长、加大了。这种方案与“大小飞机”相比是换汤不换药，实施起来技术难度仍然很大，成本也没有下降。

1972年，格鲁曼公司提出一种新方案，放弃了所有部件都重复使用的想法，将质量最大的、起飞时使用的推进剂装在一个外挂燃料箱中，用完后扔掉。同时，再捆绑两枚固体火箭帮助起飞，完成任务后分离，通过使用降落伞在海上回收。虽然这样一来航天飞机就必须垂直发射了，但是这个方案实现难度较低，经完善后就是现在的航天飞机。它与冯·布劳恩在20年前提出的设想也是不谋而合的。

尽管是部分重复使用，但研制起来技术难度仍然很大。美国唯一的空间站“天空实验室”直到寿命耗尽，于1979年7月坠毁时，也没有等到航天飞机为其运送人员和物资。1981年4月12日，“哥伦比亚号”航天飞机才第一次进行了轨道试飞。

为了集中财力研制航天飞机，美国从1972年到1981年最大限度地压缩了载人航天活动，称航天飞机是“十年磨一剑”的产物并不过分。但是，因为把宝全压在航天飞机上，一旦发现其操作复杂、运行成本过高，风险也不容忽视，其发射频率便从设计之初的每年24次下降到5次。这不但打击了美国的载人航天事业，也令美国火箭工业一蹶不振，落后于欧洲，更不用说苏联了。

在地球的另一端，一直在载人航天领域成就斐然的苏联也在对航天飞机进行积极的探索。从20世纪50年代初直到苏联解体，苏联曾经先后进行了近20个试验项目，有的已经达到了可以进行实用飞行的程度。

苏联航天飞机概念的提出，始于20世纪50年代初。当时，为了对付美国的战略轰炸机，苏联开始研制一种远程巡航导弹。由于这种导弹可以用亚音速、跨音速和超音速在接近大气层边缘的高度飞行，因而它被人们看作是航天飞机的先驱。这种巡航导弹先后进行了五次试验，最后因为苏联第一颗人造卫星发射成功，得不到经费而搁置起来。

1958年，苏联国防部在一个“关于今后25年空间科技发展方向”的计划中，曾提出研制航天飞机的设想。但当两种样机被制造出来并准备进行载人飞行试验时，1960年

10月，赫鲁晓夫下令对国防工业进行改组，使这一计划中途停止。

70年代初，苏联陆续进行了一系列有关航天飞机机理的研究和试验，其中包括轨道机动飞行、再入热防护、全部回收和部分回收、垂直起飞和着陆等关键性技术课题，同时提出了有关机型和轨道控制技术的方案。

苏联研制的航天飞机有两种，一种是小型航天飞机，一种是大型航天飞机。从1982年到1984年，苏联先后进行了四次小型航天飞机缩小比例的模型发射试验。1982年6月3日，在第一次试验中，代号为“宇宙1374号”的航天飞机模型进入轨道后，绕地球飞行了一圈有余，历时109分钟，最后降落在印度洋上，由早已等候在此的舰队回收。这次试验被西方发现并进行了报道。而后，苏联又集中力量研制大型航天飞机，先后调集了全国1000多个科研院所和工厂的上万名科技人员，耗资200多亿卢布，终于研制出了世界上第一架无人驾驶的航天飞机——“暴风雪号”。

1988年11月15日，苏联在拜科努尔航天发射场用“能源号”火箭将“暴风雪号”送入近地轨道。这架外形酷似美国航天飞机的航天器，能够将30吨重的有效载荷送上轨道，也可以从轨道上把20吨重的有效载荷带回地面。它由粗大的机身、三角形的机翼和单垂直尾翼组成，飞机的头部和尾部安装有由48台发动机组成的联合动力装置，可以分别完成航天飞机的加速、变轨和机动操作。机身前部的双层气密座舱能容纳四名机组人员和六名考察人员，能在太空工作一周到一个月。苏联官方宣布，“暴风雪号”的主要任务是将“和平号”空间站的设备从天上带到地球检修。

“暴风雪号”顺利入轨后，绕地球飞行了两圈，历时3小时25分。而后在计算机的控制下开始返航。它穿过大气层，迎风降落在发射场内的一条长4.5千米的跑道上。这次试飞取得了圆满的成功，“暴风雪号”各个部件都运转正常，整个机身只掉了五块防热瓦。

苏联航天飞机的发展比美国晚，技术也不如美国成熟。它的三台主发动机都装在外贮箱上，而不是像美国航天飞机那样装在轨道器上，且外贮箱和助推器都不能重复使用。由于政治经济方面的原因，“暴风雪号”只进行了这唯一的一次试飞，从此便销声匿迹了。1991年11月，苏联军方宣布停止该项目的工程拨款；1993年6月30日，“暴风雪号”航天飞机计划因为缺少资金支持而被放弃。现在，一架曾用作地面试验的“暴风雪号”停在高尔基公园作为一个游览项目，再也无法圆飞天之梦了。

航天飞机其实就是一部复杂的飞行机器，它涵盖了不同的飞行阶段而具有的各种功能：升空时是一枚大功率的

“哥伦比亚号”航天飞机从肯尼迪航天中心起飞

火箭，进入轨道后是一个可变向、变速的空间飞行器，返回地面时又是一架笨重的滑翔机。

航天飞机这个技术“早产儿”的设计初衷是与空间站配套使用的。讽刺的是，俄罗斯曾拥有完善的“和平号”空间站，却是依靠宇宙飞船来运输物资的。而多国合作的国际空间站在建设过程中，正需航天飞机大显身手之时，却遭遇了“哥伦比亚号”航天飞机失事的灾难。难怪美国宇航局负责人格里芬也在美国国会承认，航天飞机是“过时观念的产物”，“先天就有缺陷”。

但不管怎样，航天飞机在太空中翱翔过四分之一世纪，很少有其他型号的航天器有这么长的寿命。它曾将全世界一半以上的宇航员送入太空，其中有中学教师、沙特王子，也有国会议员。2011年，美国的航天飞机像“暴风雪号”一样寿终正寝，供人瞻仰。但其发射时的壮观场景，降落时的轻盈身姿，修复哈勃太空望远镜的出色表现，都足以使其成为我们这个时代的伟大象征。

第十三章

360千米高的实验室

国际空间站可以说是人类建造的最伟大的实验室，但过去的十几年间它在科学研究上的贡献与其投入并不匹配。现在，随着国际空间站组装工程的完毕，它的命运终于要迎来转机。在未来，国际空间站的各个参与国将如何把这个烧钱巨快的“建筑工地”转变成孕育尖端研究的高空实验室呢?

国际空间站的“性价比”

有很多对国际空间站持批评观点的人认为该计划是在浪费时间和金钱，并且分散了有限的经费，抑制了其他更有意义的太空计划。他们说，花费在国际空间站上的上千亿美元和近乎一代人的时间，可以用来实施很多小型化无人太空任务。即便将这些时间和金钱花在地面实验室的研究中，也要比花在太空上的实验室更有意义。

学术界通常根据科学设备的论文生产量判断设备的性价比。哈勃太空望远镜自1990年发射以来，拍摄了大量图像信息，基于这些信息科学家已发表了11 300篇论文。哈勃太空望远镜的成本不到国际空间站的十分之一。造价1.5亿美元、用于探测宇宙微波背景辐射的威尔金森微波探测卫星在10年运行期间也产出了5100篇论文。而国际空间站从1998年开始建设到2012年为止只有3100篇论文问世。这不能不令人怀疑其科学价值是否有预期的那么高。

从投资额度来看，国际空间站的全寿命费用预计约为1027亿美元。即便是略显落后的“和平号”空间站，每年的维护费用也高达2.5亿美元，部件老化且缺乏维修经费是导致俄罗斯放弃“和平号”的重要原因。维护工作一直是困扰国际空间站宇航员的难题，处理设备故障不但占用宇航员大量时间，也对他们的生命构成威胁。如果未来空间站达到易维护甚至免维护的水平，不但空间站的寿命会大大延长，宇航员也会有更多时间用于做有价值的工作。

国际空间站的支持者认为，上述批评是目光短浅的表现，他们主张花费在载人太空计划上的巨额经费会给地球上的每个人带来切实的利益。有评估指出，国际空间站所开发的载人航天相关技术的商业应用，会间接带动全球经济，所带来的收益是最初投资的七倍，也有一些相对保守的估计则认为此种收益只是最初投资的三倍。还有一些坚定的支持者认为，即便国际空间站在科学方面的意义为零，仅凭它发挥的推动国际科技合作的作用，也足以令这个计划彪炳史册，何况过去十几年国际空间站尚未组装完成，宇航员的精力多用于建造和维护工作，科学研究开展较少亦情有可原。

好在已经建成的国际空间站已经开始显露出独特的科学价值，质疑者可以噤声了。

得天独厚的实验条件

国际空间站的“龙骨”是一根长达108米的主桁架，多个功能舱段与太阳能电池板挂在这根主桁架和非承重桁架上。它可以同时与美国“猎户座”载人飞船、航天飞机，俄罗斯“联盟号”载人飞船、“进步号”货运飞船，欧洲“凡尔纳号”货运飞船，民间“龙”太空船等航天器进行对接。建造工作完成后，国际空间站拥有1200立方米的内部空间，总重量419吨，舱体长度74米，额定乘员7人。面积达4000平方米的太阳能电池板可以提供110千瓦的电力供应，足以满足空间站内“电老虎”般的实验设备用电。这个大小与足球场相当的空间站，是有史以来规模最大的人造太空物体。

国际空间站配备了多个专为科学研究设置的实验舱段。包括一个美国舱、一个欧空局（欧洲空间局，以下简称“欧空局”）舱、一个日本舱、三个俄罗斯舱。美国、日本和欧空局的3个实验舱将提供总计为33个国际标准的有效载荷机柜；俄罗斯的实验舱中也有20个实验机柜。另外，日本的实验舱还连接有站外暴露平台，用于利用太空环境进行直接接触实验。上述实验空间中仍有四分之一空闲着，等待有潜力的实验装置进驻。

利用太空中的微重力、强辐射和超低温环境，国际空间站上可以开展许多地面上无法开展的空间科学实验。在药物学研究方面，由于太空中的微重力减少了地球上的重力对实验的影响，新型药物的开发将在太空中取得长足的发展，人类能够在太空中更彻底地了解生命的组成机制，研究人员还能关注人类在长期处于微重力环境下产生的变化。在工业方面，研究人员将研制更坚固、更轻便的金属以及功能更强大的计算机芯片。由于失重，使热气体或液体上升、冷气体或液体下降的对流现象在空间站中不复存在，各种液态熔融金属就可以得到更彻底的混合，而液体和火焰在微重力条件下出现的形态也成为科学家们关注的焦点。

由于有人的参与，国际空间站在对地观测和天文观测方面比其他航天器有更大的优势。国际空间站上的宇航员能利用国际空间站的绕地飞行和多方向性，及时调整观测仪器的各种参数，可以对需要关注的特定观测对象取得最佳的观测效果。在空间科学实验方面，国际空间站上的宇航员一方面是空间生命科学和航天医学的实验对象之一；另一方面还可以照料空间材料科学、空间物理学、微重力流体物理等科学实验。

以上这些实验是在国际空间站内部进行的，有些实验则是在国际空间站的外部进行的。对国际空间站外部温度和微小陨石的研究将促进工程师对航天器外壳设计的改善。在国际空间站中的研究还将创造出更先进的天气预报系统、更精确的原子计时器等先进技术。太空研究还将开发出新的产品和服务，这些创新最终将为人类在地球和太空中提供新的就业机会。

知识生产器

目前国际空间站计划的主要参与国在科学研究方面各有侧重。美国利用国际空间站加强航天飞行技术的创新概念研究与发展，演示推进剂在轨加注、自主交会对接、闭环生命维持系统等技术与能力，以降低未来太空探索活动的费用，并扩展探索活动的能力。俄罗斯一直把国际空间站视为实现深空探测目标的跳板，并于2009年在站上增加了新的实验舱。俄罗斯将利用国际空间站进一步论证深空探测的可行性，同时努力挖掘国际空间站为社会经济发展服务的潜力，从而为其载人航天的长远发展提供动力。

欧洲和日本在近年来才有了各自独立的实验舱："哥伦布"实验舱和"希望号"实验舱，之前主要通过与美国宇航局的合作参加了一些国际空间站上的实验，因此其空间科学与应用的发展比美俄两国晚。欧洲的"哥伦布"实验舱将重点开展微重力实验，其实验内容涉及基础物理学、材料学、工艺流程和生物学等方面。并且，欧洲还正在探索利用国际空间站研究全球气候变化的可能性。日本的"希望号"实验舱将重点对地球观测、生命科学、生物技术、航天医学、材料加工和通信等领域进行研究。

以国际空间站彻底完工的2011年为例，共有6个长期考察团在国际空间站上开展了225项实验，内容涵盖了人体研究、生物学与生物技术、物理学、技术开发与验证、地球与空间科学等领域，其中有107项为首次在国际空间站进行的新实验。技术开发与验证领域的新实验最多，其次为生物学与生物技术领域和物理学领域。这些实验内容千奇百怪，如研究“如何在微重力下通过更有效的运动锻炼来增强体质”“失重对视觉信息心理表征的影响”“黄瓜受重力调节的生长动力机制”“获得微重力环境下生物晶体膜”“硅锗均相晶体生长”等。总之都是利用空间站与地面迥异的环境精心设计的实验，用以加深人类对太空的了解，并利用太空环境开发出新技术、新发明。

目前，在国际空间站上开展的空间科学与应用研究已经推动了许多科学技术的快速发展。例如，在生物技术方面，有用于抗病毒研究和癌症治疗的γ干扰素、治疗肺气肿的弹性蛋白酶、用于研制抗寄生虫药品的苹果酸酶、治疗糖尿病的胰岛素等；在材料科学方面，有用于合金浇注的定向凝固机制研究、用作石油加工催化剂的高质量沸石晶体生产方法研究、用于研制高级陶瓷与复合材料的胶体特性研究、提高探测器性能的半导体晶体制造技术研究等；在微重力物理学方面，有用于改进材料加工工艺的微重力流体特性研究、提高地球上电厂生产能力的气液混合物管流特性研究、生产聚合物的微重力流体混溶机制研究等。国际空间站作为世界上“海拔”最高的实验室，已经成为科学知识生产的利器。

国际空间站提供了比载人飞船更长的在轨时间和更好的微重力环境。航天医学、微重力实验、太空育种、对地观测、空间加工等一系列科研项目都可以在上面进行。以“和平号”空间站为例，苏联在研制“和平号”过程中，发明了600多项可用于其他工业领域的新工艺。在“和平号”空间站运行的15年间，共进行了16 000多次科学实验，完成了23项国际科学考察计划，可谓硕果累累。

无怪乎以载人航天飞行先驱约翰·格伦为代表的航天人均对国际空间站青睐有加，坚决反对放弃国际空间站。约翰·格伦曾发表演说称，国际空间站不应被抛弃，特别是在它花费了数十亿建造经费之后。他说，他支持以月球和火星为探索目标，但认为不应挪用国际空间站的经费，因为此举将造成许多准备在国际空间站展开的科学研究无法进行，“我们甚至还没有开始认识到国际空间站的潜力”。

假以时日，国际空间站应该会取得更令世人瞩目的科学成就，届时它不但是夜空中最明亮的人造物体，也会是太空科技领域的明星。作为人类在太空长期逗留的前哨站，它将对未来的太空探索产生深远而持久的影响。

第十四章

“神舟”飞船在载人飞船家族中的地位

2008年9月25日，“神舟七号”将三名航天员送入太空，并为中国首次太空行走提供保障。在赞叹“神舟七号”优雅的外形、精密的结构和可靠的性能之余，我们不禁会问：与其他国家的载人航天器相比，“神舟”飞船处在什么样的水平？下面将从载人飞船的历史发展、“神舟号”的设计思想、它与同类飞船相比较等方面理顺“神舟”系列飞船的家谱，标明它的技术地位。

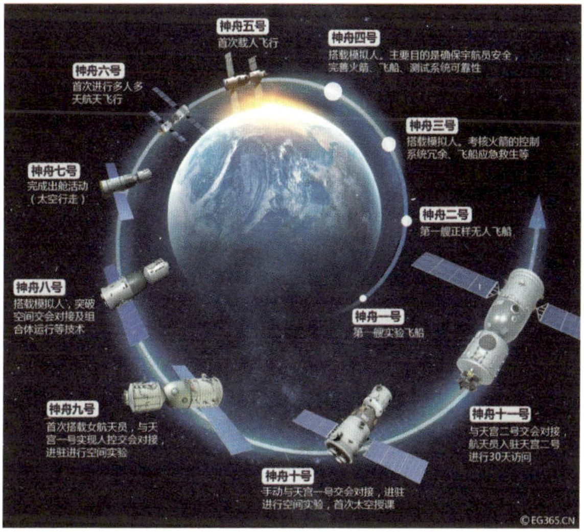

“神舟十一号”之前的十艘飞船图解

载人飞船谱系

自1961年苏联发射第一艘载人飞船“东方1号”以来，40多年间，苏美两国各发展出三代载人飞船。苏联的第一代载人飞船是“东方1号”，它最先把人类送入太空，采用两舱式布局，即座舱和服务舱。第二代是“上升号”，属于过渡型号，目的是突破太空行走技术。第三代是“联盟号”，其使命是载人登月和作为空间站的人员运输工具。

美国的载人飞船也发展了三代。第一代是1961年4月至1963年6月使用的“水星号”。第二代是1965年投入使用的“双子星座号”飞船，它实现了交会对接与太空行走技术。“阿波罗号”飞船是美国的第三代飞船，也是目前唯一发射成功的登月飞船，为三舱结构。美国这三代飞船担负的任务使命基本与苏联的同代飞船相对应。

尽管苏美的载人飞船在外形与结构上有很大不同，属于科技发展谱系树上的不同分支。但按照飞船的功能和技术水平划分，这三代六种载人飞船又具有两两对应的关系，因此我们可以把两个国家在同时代发展出的飞船看作是“远亲”。也就是说，在中国“神舟号”飞天之前，世界范围内的载人飞船已经发展了三代。

高起点与后发先至

虽然中国载人航天工程起步较晚，但并不是从最简单的飞船起步：先搞两舱段单人飞船，然后才研制多人飞船。而是一步迈过美苏的40年发展历程，实现了跨越式的发展。中国航天工作者博采众家之长，一步到位地研制了多人多舱的第三代载人飞船——“神舟”飞船，实现了中国载人飞船技术的跨越式发展。

国外的载人飞船如苏联的“东方1号”飞船是单人单舱飞船，美国的“水星号”飞船是单人双舱飞船，航天员只能半躺在座椅上，在狭小的空间里，完成按电钮、拉手柄等操作动作。“神舟”飞船因采用多舱段组成，飞船内部空间较大，可同时容纳3名航天员生活工作。目前“神舟”飞船是在轨道上运行的个头最大的飞船。

“神舟”飞船有何特色?

“神舟”飞船是一种尚在不断改进中的载人飞船，与其他第三代飞船相比，无论结构还是功能，都堪称翘楚。

1. 一船多用

“联盟号”从1976年开始使用，由近似球形的轨道舱、钟形座舱和圆柱形推进舱组成，重约6.8吨，可乘坐3名航天员，主要用于为空间站提供服务。

“阿波罗”飞船是为登月而研发的，按飞行时从后到前的顺序分别是圆柱形的推进舱、圆锥形的指令舱（也是返回舱）和蜘蛛状的登月舱。与“联盟号”不同的是，“阿波罗”飞船的登月舱取代了轨道舱的位置，这使得“阿波罗”飞船只能用来登月或向空间站转移人员物资，并不具备长时间留轨的能力。

与以上两种飞船只具有单一用途不同，“神舟”飞船在设计时就制订了一船多用的目标。“神舟号”本身具备第三代载人飞船所有的通用功能：满足航天员在轨道进行短期停留、保障航天员太空行走和与其他航天器进行交会对接、为空间站运送人员物资等。此外，它还可以作为中国未来空间站的结构组件，每次可以留下一个舱段在轨道上继续工作。原来，“神舟”飞船的最前部是一个圆柱形的轨道舱，它的容积大于“联盟号”的轨道舱，内部设备也更加丰富，且具有单独留轨能力。它不但是航天员在太空中生活和工作的主要地点，也可以单独存在，作为下次飞船与之对接的目标飞行器，或是留在空间站上，扩展空间站的容积与功能。与之相比，“联盟号”和“阿波罗号”每次执行完任务后，其轨道舱和登月舱也结束了使命，变成了太空垃圾。

2. 动力保障充分

“神舟号”飞船在推进舱和轨道舱上各有两块太阳能电池帆板，能为飞船提供充足电力。特别是在航天员返回地面，轨道舱单独留轨的情况下，仍能保证轨道舱的正常运转。而“联盟号”只在推进舱上有两块太阳能电池帆板，“阿波罗号”飞船则根本没有太阳能电池帆板，这都制约了它们在轨道停留的能力。

3. 安全性高

“阿波罗号”飞船舱内充以纯氧，一旦发生火灾，将发生猛烈燃烧，防火安全性没有使用氮氧混合气体的“联盟号”和“神舟号”高。

4. 不进行动物实验

苏美在飞船正式载人太空飞行前，都进行过飞船搭载猴子、狗或黑猩猩的飞行试验，以考验飞船的生命保障系统。但中国进行“神舟”飞船无人飞行试验的时候，并没有让动物先上太空。这并不是为了保障动物权益，而是出于工程上的考量：

首先，动物的生理结构与人体有很大区别，测量出的数据未必可以套用在人体上。

其次，动物在飞船中不会老老实实地坐在座位上，容易到处乱动，如果出了问题，搞不清到底是设备的问题还是动物误操作的问题。

最后，由于国外已有载人航天的经验，实践证明人在太空中进行短时间的飞行是可行的。中国用不着从头再来，完全可以借鉴国外取得的经验。加上科学技术的发展，中国已经可以通过仪器模拟真人在太空飞行中身体的各种变化数据。因此，“神舟”飞船在正式载人飞行前，不进行动物飞行试验，而用模拟人进行太空轨道飞行试验，利用模拟人身上携带的科学装置，提供舱内温度、湿度、气体含量、人体温度、心跳速度、血液循环、呼吸等各种数据。

5. 着陆地点多样化

各国飞船返回舱的着陆地点并不一样。苏联/俄罗斯飞船返回地点均为陆地，而美国都在海面。在海面回收没有障碍物，易被发现，而且缓冲性能也好一些，但要求座舱密封性能好。而“神舟”飞船的主着陆场在陆地，在紧急情况下也可以在海上迫降，回收的安全性更高。

6. 节约发射次数，降低成本

国外进行飞船交会对接时是一次连续发射两艘飞船，其中一艘作为目标。“神舟”飞船的交会对接方案是先发射一艘，其轨道舱与下一个飞船进行交会对接。具体来说，为实现交会对接，国外的发射是2 *N*次，而我国的飞船发射是*N*+1次。以*N*等于5为例，国外需发射10艘飞船，而我国只要发射6艘飞船。由于“神舟”飞船设计合理，使得一船多用，节省了巨额的发射费用。

7. 不足：准备周期长，不能批量生产

作为一种还在发展和不断完善的飞船系列，“神舟”飞船一直是单件生产，总结每次飞行经验后在下一艘飞船上进行技术改进。而目前俄罗斯的载人飞船“联盟TM号”几乎可以随时发射，其技术和生产已非常成熟。“神舟”飞船目前的准备周期在一年左右。不过好消息是到了2011年发射的“神舟八号”，“神舟”飞船已经从试验性产品转为成熟产品，生产周期也大大缩短了。

第十五章

“猎户座”飞船的新生

“猎户座”飞船是美国构想的后航天飞机时代宇航员天地往返和月球探索的重要交通工具。但在“超出预算、进度落后而且缺乏新意”的指责下，奥巴马政府曾提议取消包括“猎户座”飞船在内的“星座计划”。叫停“星座计划”仅两个月后，奥巴马又让“猎户座”飞船复活，但仅充当空间站的逃生舱。2013年1月，美国宇航局决定与欧空局联手，重塑“猎户座”飞船。欧空局将为“猎户座”提供推进系统和动力装置，帮助其实现把宇航员送上火星和小行星的目标。

第四代飞船

“猎户座”飞船最早曝光于2004年，时任美国总统的小布什介绍了当时被称作“载人探索飞行器”的“猎户座”飞船：

我们的次要目标是在2008年开始开发并测试新一代的飞船——载人探索飞行器，然后在2014年之前实施其首次载人航天任务。载人探索飞行器将可以替代届时业已退役的航天飞机，将宇航员及科学家运送至太空站中，但其主要目标是将宇航员运送到地球轨道之外的其他地方。这一飞船将是自“阿波罗”指令舱以来的首个同类型航天运载工具。

苏联和美国的三代载人飞船返回舱外形经历了从球形到圆锥形再到钟形的演变过程，但基本上是水滴形状的变体。飞船返回舱再入大气层时，要承受高温气体的冲击，这种形状既减小了阻力，又提供了姿态调整的可能。

正在研制中的“猎户座”飞船延续了“阿波罗”飞船的外形和布局，所以有人称其为“阿波罗”飞船的升级版。但它的一系列独到之处，使其跻身于第四代飞船之列。

美国宇航局“猎户座”计划进行第三次着陆测试

欧洲弃俄转美

要实现登陆火星和其他小行星的目标，单凭一国的经济技术力量难以完成，国际合作非常必要。作为世界航天列强之一的欧空局一直苦于没有自己的载人飞船，宇航员只能借美俄的运载工具“搭车”上天。2006年，俄罗斯与欧空局曾就下一代载人飞船项目开展合作。2008年双方公布了合作开发的新一代载人飞船设计图，该飞船综合了俄欧的先进技术，计划取代目前的“联盟号”飞船。但太空合作的紧密程度往往取决于地面政治的温度。2009年3月，欧空局局长声明，欧洲不打算再与俄罗斯共同研制“乘员空间运输系统”飞船了。他解释说：“俄罗斯在载人航天领域更加积极，需求也远远多于欧洲，欧洲不应该拖延俄罗斯的载人航天计划。”

与此同时，2008年，欧洲自主研发的自动货运飞船（ATV）与美国主导的国际空间站成功对接，这使俄罗斯人明白自己的“进步号”货运飞船并非是为空间站补充给养的唯一选择。这艘以法国科幻作家儒勒·凡尔纳的名字命名的自动货运飞船的运载能力相当于“进步号”的三倍，而且是用欧洲人自己的“阿丽亚娜”火箭发射的。

“儒勒·凡尔纳”货运飞船体积相当于伦敦街头常见的双层公共汽车。呈圆筒状的飞船重20吨，全长10.3米，最大直径4.5米，由推进舱、电子设备舱和加压舱三部分构成。它的外部有4个“太阳翼”，每个太阳翼由4块太阳能电池板构成，翼展达22米，看上去就像两对交叉的“翅膀”，所以有科幻迷称它为电影《星球大战》中的X翼战机。这辆太空货车中装载了8吨左右的水、燃料、食品和科学仪器等货物，用以补给国际空间站，它还将利用自身动力帮助空间站提升轨道。任务结束后它将作为“垃圾桶”，在六个月后满载宇航员产生的6.5吨废物在大气层中化为灰烬。

ATV飞船是欧洲有史以来建造的最大、最复杂的飞船，欧洲从此掌握了开发自动货运飞船的技术。ATV飞船精准的激光定位自动对接技术，对未来人类探索月球和其他星球具有重要价值。美国与欧洲在国际空间站上有过多年的密切合作，技术和政治的共同需要，使美欧在新一代载人飞船研制上走到了一起。

“猎户座”重生

有了欧空局这支生力军的加入。“猎户座”飞船此前研发中遇到的软件开发滞后、热挡板振动过度、超重等问题均有了新的解法。欧空局将基于ATV飞船的设计参与服务舱的建造，为“猎户座”飞船提供推进系统和电力系统的支持。

按照最新计划，重获新生的“猎户座”飞船已于2014

年执行首次无人飞行任务，将于21世纪20年代实现载人飞行。随后它可以肩负空间站的人员运输任务，还能把宇航员送到月球并安全返回。至于将宇航员运送到火星、小行星或太阳系的其他天体附近——它有这个技术能力，就看哪个国家肯为这种巡游买单了。

第十六章

“太空船2号”的野心与梦想

1905至1935年间，数以百计的航空竞赛极大地刺激了各式各样飞行器的出现，它们使快速、安全且廉价的空中旅行成为可能。秉承这一传统，现在一些有志于实现太空旅游的民间组织正致力于发明新一代运载工具，进而开展载人航天商业化的尝试。

新飞船设计出炉

2008年1月23日，位于纽约中央公园西侧79街的美国自然历史博物馆内上演了一出真实的“博物馆奇妙夜”。不过，这次登场的主角不是复活的恐龙和木乃伊，而是准备批量生产的亚轨道飞行器“太空船2号”。曾设计多架创纪录飞行器的太空极客伯特·鲁坦介绍自己这艘新太空船时说，它不但比“太空船1号”飞得更高，起飞地点与着陆场的距离也更远。这架太空船的设计轨道高度为160~320千米，几乎可以达到载人飞船的轨道高度，但出于安全考虑，初期只打算飞到100多千米。在这个高度俯瞰大地，已经能看出它是球体的一部分了。

此次发布的“太空船2号”外形与它的前辈、曾在2004年赢得1000万美元“X大奖”（“X大奖”基金会允诺向第一个在两周内把三个人两次送入太空并使其安全返回的民间组织颁发1000万美元奖金）的“太空船1号”并无太大不同，但与早先《大众机械师》杂志披露的草图略有差异的是，目前版本的机翼位置从机身中间挪到了机腹部。也许更能使普通人感兴趣的变化还是它的座舱设计：比起“太空船1号”只能容纳3人的狭小座舱，现在的设计更为宽敞，6位乘客与2位飞行员可以舒服地分坐于过道两侧，宽度达半米的舷窗提供了更好的观察视野。对此，设计这架太空船的公司表示：“如果你打算上太空一游，看不到太空美景岂不白跑一趟？”

这家公司期待以太空船开辟太空游市场，公司总裁在发布会上宣布：“2008年将是太空船之年。我们对这套新系统及其功能兴奋不已。”按照计划，需经过50~100次试飞来发现并解决各类技术问题。待“太空船2号”和“白骑士2号”取得美国联邦航空管理局（FAA）颁发的适航证后，第一批付费乘客才可以登机上天。

此次推出的太空船载机“白骑士2号”更是一个多面手。它不但可以投放“太空船2号”，还可以作为空射火箭发射平台，把小卫星送入近地轨道。这架双体喷气式飞机的每个机舱都与“太空船2号”内部相仿，可以用来对太空游客进行适应性训练。

心跳之旅

“白骑士2号”翼下有四个发动机，翼展达42米，如此宽阔的翼展可与“二战”期间的战略轰炸机B-29“超级堡垒”相媲美了。载机投放太空船的方式也类似于轰炸机投弹。在现场演示的电脑动画中，“白骑士2号”首先载着“太空船2号”爬升至18千米高空，然后“太空船2号”像重磅炸弹一样被抛下，火箭助推装置点火，急剧跃升，此时乘客们会被安全带牢牢固定在座椅上，穿着类似战斗机飞行员的增压服来抵抗加速度陡增而产生的过载力（可能达到5倍重力），在他们背后几米处，是急剧膨胀燃烧的十吨高能火箭燃料。飞行速度达到音速的3.3倍时，火箭发动机关闭，太空船在惯性作用下继续爬升至110千米，然后开始自由落体。

再次进入大气层阶段，“太空船2号”仍沿用了“太空船1号”使用的羽状减速系统——机翼的后缘及整个垂直尾翼和水平尾翼都会升起，用以产生阻力，飞行员此时可以完全撒手不管。在自动控制系统和气动外形的双重作用下，太空船的“气动刹车”会被恰到好处地控制，不会令乘客产生过于不适的超重感。而且，在降落阶段所有座椅都会自动放倒，使乘客背朝降落方向，以进一步减少减速带来的不适。

从火箭发动机关闭到太空船再入大气层，乘客会经历为时4分半钟的失重，届时他们可以松开安全带，在座舱内自由飘浮。“太空船1号”的试飞员布莱恩·本尼将这个过程称为“身体上的美妙体验”。接下来，太空船在返回阶段还能目睹大地扑面而来的刺激，最后它像普通飞机一样降落在位于美国新墨西哥州的发射场。整个超级无轨过山车之旅历时约两个半小时，呕吐袋管够，只是中途没法退出不玩。

从本质上看，只能短暂在太空停留、无法进入绕地轨道飞行的“太空船2号”还只是一架飞机，并非严格意义上的载人飞船。它的原理和技术指标与美国宇航局于1959年首飞的高超音速技术验证机X-15有些类似，只不过当年X-15的试飞员都是万里挑一——后来大名鼎鼎的登月第一人阿姆斯特朗也在其列。现在有了“太空船2号”，只要经过简单训练，任何能支付20万美元的人（英国物理学家霍金已经签约预定了座位）都可以亲身验证这种高科技玩具了。何况X-15最高只能飞到108千米，这个自1963年创造的亚轨道飞机飞行高度纪录至今未被打破。如果一切顺利，乘坐“太空船2号”的第一批乘客连同两位飞行员着陆后都将被授予吉尼斯世界纪录证书。

太空游：不能承受的事故之重

截至2018年底，“太空船2号”仍未开展过商业太空飞行。毕竟载人航天是极其复杂的系统工程，有太多的突发因素会拖延商业太空船的发射进度表。

2007年7月，位于加利福尼亚州莫哈韦沙漠的火箭研究中心发生了爆炸事故，造成现场工人三死三伤。“太空船2号”及“白骑士2号”的开发和测试工作被迫放慢。

鲁坦表示，他的公司一直在与州安监官员和其他部门官员积极合作，确保工人的安全，但在火箭氧化剂流动测试中发生的爆炸事故的真正原因依旧是一个谜。他说，只有在找到爆炸的真正原因之后，他们才会敲定“太空船2号”的火箭发动机设计方案。

无论如何，慢工出细活，安全性是第一位的。私人太空船延期投入商业运行最多只是让迫不及待的乘客们多等上一阵，并不会因此失去大量客源。新兴的太空游产业最无法承受的还是人员伤亡，毕竟乘坐这架飞船的是普通游客而不是训练有素的航天员，任何伤亡事故都会令潜在乘客对飞天之路望而却步。

历史上，高技术产业因恶性事件而造成致命打击的例子不在少数。1937年5月，满载社会上流人士的“兴登堡号”飞艇在顺利飞越大西洋后却于众目睽睽之下坠毁在美国新泽西州，造成36人罹难。现场的22架电影摄影机忠实地记录了飞艇爆炸燃烧、人群哄散的场面，以至于这段视频成为日后纪录片用来解说技术灾难的标准案例。这场事故也宣告了大型载人飞艇时代的结束。2000年7月，“协和号”客机坠毁在巴黎郊外，百名富家子弟命殒蓝天。整个飞机失事过程都被家用摄像机拍摄下来，经过广泛传播，对大众心理产生了剧烈震撼。尽管此前“协和号”客机拥有极佳的安全记录，而且后来制造商重新改造了机体设计，修补了诸多缺失，但改进后的“协和号”的上座率一直都严重不足，无法承受亏损的航空公司最终让它在2003年退役。从此天空中再无超音速客机的身影。

当代媒体的影响力越发惊人，一旦“太空船2号”发生事故，加之乘客的特殊身份，一定是爆炸性新闻。由此造成的消费者信心丧失必然对整个太空游产业的衰退产生推波助澜的作用。

最大的对手是安全

有鉴于此，太空船公司的代表半开玩笑地说：“我们在这场竞争中没有对手，除了安全。”总设计师鲁坦也表示，“太空船2号”系统的设计目标是达到相当于20世纪20年代早期客机的安全系数，这些客机的安全性是当今航天大国使用的载人飞船安全性的100倍。与之对比，“神舟六号”载人飞船火箭系统的可靠性为97%左右。如果“太空船2号”及载机“白骑士2号”的系统可靠性能够提升100倍，达到99.97%的水平，也就是说理论上每执行10 000次飞行任务，系统有出现3次故障可能性，这对载人航天来说已经相当安全了。但是鲁坦也不忘提醒媒体：“如果有人告诉你说新型太空船的安全水平可与现代客机相媲美，千万不要相信这些人的鬼话。”毕竟载人飞船是一次性使用的运载工具，还有逃逸塔和弹射跳伞装置作为备用保险措施，而“太空船2号”则是作为太空观光机使用的，遇到紧急情况乘客无法跳伞自救。多次重复使用的要求也令设计师不得不花大力气考虑机体材料的抗疲劳性和各种元件耐久性的问题。何况，工业产品的可靠性与成本之间具有密切关联——无论是微波炉还是航天飞机，只要系统可靠性增加，成本都会以指数上升。可靠性从80%增长到90%，成本要翻一番，但从90%增长到95%，成本就要再翻四倍。以营利为目的的太空旅游公司不会无限制地提高太空船的可靠性。

从这个意义上看，那数百位准备为亚轨道太空游花费20万美元的富翁其实比花费2000万美元乘“联盟TM”飞船上太空的几位富豪更加勇敢，其行为也更有意义。因为这些乘客不仅是在参与一个飞行试验，也在用自己作为试验品，他们的飞行经历及反馈对于提升太空技术和服务水平大有裨益。

市场的曙光

正如太空船公司在总结人们对太空游的热情时所说：“人们想去那里，人们想去看看行星地球的样子，人们想要体验失重的感觉，人们渴望拥有一段激情燃烧的回忆。”现在，已有几百万人登录该公司的网站，表达了希望乘坐“太空船2号”一圆太空梦的意愿。为回应这个需求，鲁坦乐观地估计，公司将在未来建造至少40架“太空船2号”和15架“白骑士2号”。每架“太空船2号”每天能飞行两次，而“白骑士2号”每天最多能进行四次发射。如此算来，在未来12年，将有逾10万人搭乘“太空船2号”飞向亚轨道，实现自己的太空梦想。这还不算与之竞争的其他提供太空游设备与服务的企业吸纳的客源。

“太空船2号”首次触达太空边缘

在可以预见的未来，太空旅游终将进入寻常百姓家。如同飞机发明半个世纪后航空客运便已普及，航空制造业和航空运输业也成为大型产业一样，草创时期的种种付出，都是为日后太空产业的繁荣铺就道路。已有千百万人看过太空船公司提供的宣传片，其中一个网友调侃道：“伯特·鲁坦这个坏家伙，他又在创造历史了。”从江湖进入庙堂，进而青史留名，也许这正是鲁坦选择“太空船2号”发布地点时所想的吧。

第十七章

坐着“出租车”上太空

“太空出租车”竞争尘埃落定

2014年9月16日，美国航空航天局宣布，在运送宇航员到国际空间站项目的竞争中，波音和太空探索技术（SpaceX）公司成为赢家。美国宇航员未来可乘坐这两家公司分别研制的“CST-100”飞船和“龙2”型（Dragon 2）飞船从美国本土飞上太空。此前，因为航天飞机退役，美国不得不向俄罗斯支付每个“座位”7000万美元的高价，把自己的宇航员送上自己主导建设的空间站。这一合同的签订标志着喧嚣多年的“太空出租车”竞争尘埃落定，私营企业首次跻身载人航天领域。

处于分离阶段的SpaceX BFR（大猎鹰火箭）载人飞船

“CST-100”飞船名字中的数字“100”代表100千米，这是从海平面到太空的距离，这意味着它专门执行近地空间短途运输任务。这一新型飞船的外形与“阿波罗号”和“猎户座”飞船很相似，而体积却介于二者之间，能一次性搭载7名宇航员，其中4个预留给空间站机组人员，剩下3个可以提供给太空游客。这艘航天器的最宽处有4.5米，利用了“阿波罗”飞船和航天飞机项目中已成熟的技术。它创新之处还包括全船无焊接设计、现代结构以及升级版的热控制技术方案。波音公司声称这种一体化设计降低了飞船整体重量，并加快了舱体的制造速度。过去美国所有的载人飞船都是在海洋里降落的，“CST-100”则有望通过降落伞减速、用安全气囊吸收撞击力，实现在陆地软着陆。“CST-100”可以在轨飞行长达7个月，返回地球后将更换防热系统，翻新。为了达到经济性，每一个独立的小舱室都可以被充分使用，可实现10次太空飞行。

2014年5月，SpaceX研制的无人“龙号”飞船被国际空间站机械手臂抓住，实现对接和物资运送。这次成功的飞行证明了“龙号”飞船不仅可以将货物送到国际空间站，还可以重复使用。这是第一艘完成此项任务的商业太空船。此外，“龙号”飞船还可以搭载一名宇航员。尽管技术先进，但是“龙号”飞船仍然使用老式的着陆方式，像“阿波罗”任务那样落入大海后再打捞回收。而第二代“龙号”飞船则安装了被称为“蚱蜢”的反推火箭，可以垂直降落在地面上。巧妙的是，如果飞船在上升阶段遇险，这些发动机可以作为应急救生的动力。“龙2”飞船外形也极具创新性，过去的飞船一般是轴对称几何体，它却拥有非轴对称的扁平的外形，这种形状可以提高再入大气层时的升阻比，让航天员在返回时更舒服，并减小气动加热而便于重复使用。“龙2”飞船可运载7名宇航员抵达近地轨道空间站乃至更加遥远的目的地，比如说火星。因为SpaceX公司总裁马斯克声称他建立公司的首要目标就是帮助人类成为一个多行星居住的种族。这位被誉为“现实版钢铁侠”的极客大亨还透露了“龙2”飞船的一些亮点，他说：“它的侧面安装有推进系统和供宇航员向外观察的大舷窗，底部还有着可以弹出的着陆支架，看起来像一艘外星飞船。”

从骨头到宇宙飞船

将时针拨回到1968年，在那年上映的科幻影片《2001：太空漫游》中有这样一个经典蒙太奇——古猿扔向蓝色天空的骨头一下变成了在漆黑太空中翱翔的宇宙飞船。导演库布里克和编剧阿瑟·克拉克想用这个画面传达人类技术的飞跃——从简单的天然工具到复杂的载人航天器，这中间跨越了百万年历史。在这部影片推出之时，航天事业正发展得如火如荼，因为美苏登月竞赛的缘故，短短7年时间里，载人飞船已经进化了三代。

在随后近40年里，苏美两国的飞船称霸太空，直到1999年中国“神舟号”飞船首飞，才打破了载人航天领域两家独大的局面。

技术“早产儿”：航天飞机生不逢时

回到美国太空出租车的竞争故事中。此前曾被看好的内华达山脉太空系统公司是参与竞标的第三家公司，它的设计方案是使用一架小型航天飞机，放在运载火箭顶端发射入轨，它能够载着宇航员在飞机跑道上水平降落。这架名为“追梦者”的小型航天飞机也能运载7名宇航员来往于天地之间。“追梦者”的外观虽然科幻，但其原型就是美国宇航局在20世纪80年代提出的HL-20升力体构型。美国宇航局已经在过去的两年里向该公司提供了超过一亿美元的商业载人航天项目资金来帮助“追梦者”的发展。“追梦者”也很争气，已完成了全部风洞试验，验证了小型航天飞机与火箭集成时的性能。但不利之处在于它与波音的CST-100都要使用“阿特拉斯5”运载火箭发射，这种火箭使用俄制RD-180发动机，有断货的风险。

但更深层次的原因是美国宇航局对航天飞机这种技术心有余悸。身为美国宇航局顾问的物理学家大卫·布林这样评论目前各式载人航天器层出不穷的局面：“这是一个令人兴奋的时代！但自从1986年‘挑战者号’失事以来，美国宇航局已经异常小心。”

“阿波罗”登月成功后，美国匆忙放弃了飞船路线，转而发展更具科幻感的可重复使用的天地往返工具——航天飞机。20世纪70年代初，美国空军承诺帮助美国宇航局游说国会通过航天飞机的预算，作为交换，航天飞机将按照美国空军的特定要求设计，空军拥有两架航天飞机的使用权。航天飞机的设计运载能力也从11吨提升至中央情报局期望的29吨，这样就可以满足发射下一代侦察卫星的需要。

1986年，“挑战者号”航天飞机因为一个密封圈失效而凌空爆炸后，美国空军放弃了使用航天飞机发射军事卫星的打算，转而投资于可靠性更高、价格更便宜的一次性运载火箭。

从此，航天飞机几乎成了美国宇航局的一块心病，虽然曾表演过两次维修哈勃太空望远镜的出色太空秀，但高昂的发射费用与复杂的技术大大降低了航天飞机的使用率。

航天飞机的优势在于可以部分重复使用，但仅有飞机状的轨道器和固体助推火箭可以重复使用，设计寿命分别为100多次和20次，而固体助推火箭还要从大西洋上打捞，体积最大的外燃料舱则是用完就扔的。载人飞船及其运载火箭虽然不能重复使用，但结构简单可靠、重量较小、发射费用低也是其优势所在。

航天飞机的优势还在于发射和降落时冲击较小，普通人经过训练也可乘坐，但价格不菲。美国宇航局给每次航天飞机商业发射标价为1.55亿美元。要发射一颗中型商业卫星，用中国的运载火箭只需1500万美元，而用航天飞机则要花费8000万美元。

如果把天地往返系统比作公路运输，那么航天飞机就像是一辆载重卡车，连司机带搭便车的7个人挤在驾驶室中，货舱里却经常空空如也——美国自己的商业卫星就交给更便宜的一次性运载火箭发射了。航天飞机技术不切实际地复杂，也异乎寻常地昂贵，以至于在运输卫星和人员方面没有任何竞争力。而载人飞船则像迷你轿车，连行李箱都做得很小，省油而且便宜，在可靠的公路上开着也很安全。事实证明，航天飞机生不逢时，大规模太空物流的时代远未到来。在受到1986年和2003年两次折翼的打击后，美国宇航局不得不考虑雪藏这台烧钱机器，转而发展载人飞船。

新一代“猎户座”飞船

美国政府之所以要进行“太空出租车”的招标，原因在于官方主导研制的“猎户座”飞船进展缓慢，没能尽快填补航天飞机退役后的空缺。

“猎户座”飞船延续了“阿波罗”的外形和布局：它

的四部分结构为乘员舱、服务舱、飞船结合段和发射逃逸系统，其中乘员舱是圆锥形的，服务舱是圆筒形的。但“猎户座”也有其与众不同之处。比如它的体积比“阿波罗”更大，太空舱直径约5米，总重量约25吨，是“阿波罗”飞船可居住空间的2.5倍，可乘坐6名宇航员，比“阿波罗”还多3人。此外，“猎户座”仪表采用波音787飞机的数字式系统，控制系统在应急情况下可用手控取代自控，废物处理系统采用国际空间站上男女通用的卫生设施，舱内空气为一个大气压的氮氧混合空气，这些设备都反映了“猎户座”的设计走在21世纪前列。“猎户座”的优势还体现在其适航能力上：“猎户座”不再使用燃料电池，而是用大型太阳能电池板，比美国过去的飞船多了两个太阳能电池帆板；飞船的火箭燃料为液态甲烷，可在火星、土卫六（泰坦）等星球上进行补给。

与美国前三代需在水上回收的飞船不同，“猎户座”的回收系统结合了降落伞和反推火箭的特点，乘员舱能在陆地上着陆。比起高价、高风险的航天飞机，“猎户座”有最多可重复10次使用的乘员舱，更安全的防热系统，以及发射发生故障时，可马上带飞船飞往安全区域的逃逸塔系统。“猎户座”的安全设施让事故概率从航天飞机的1／220降低为1／2000。

“罗斯”——“联盟号”的接班人

航天大国俄罗斯同样也在努力研制新一代载人飞船。新飞船名叫“罗斯”，这是俄罗斯的古名。飞船返回舱的最大直径为4.4米，是“联盟号”飞船直径的两倍多，最多可容纳6人，同时还可在地面和轨道之间往返运输重约半吨的物资。尽管“罗斯”表面上与美国的“猎户座”相似，但是有明显区别，体现出了俄罗斯特色。新一代飞船的乘员舱可重复使用10次，寿命15年。该乘员舱将采用可重复使用的防热瓦，这不同于传统的烧蚀性绝热系统，这种材料可以在再入地球大气期间分层燃烧。俄罗斯的这种做法与美国相反，美国的“猎户座”防热材料采用阿波罗时代的烧蚀性绝热系统，而已退役的航天飞机则采用防热瓦。估计“罗斯”飞船的造价将比美国的“猎户座”便宜三分之二。

与“联盟号”系列飞船一样，“罗斯”可以实现完全自主和手动交会对接，并有足够的推力与空间站、低轨平台和不载人航天器对接或脱离，并安全返回。“罗斯”的乘员舱顶部采用了可移动的空气动力学襟翼，一旦乘员舱到达了可辨识大气的区域，它就可以用来控制乘员舱的飞行姿态。“罗斯”的降落与“龙2”飞船相似，它利用着陆发动机的推力实现垂直软着陆，降落伞只在紧急情况下使用。新飞船的着陆精度将会提升到2千米，相比“联盟”飞船20千米的着陆精度有很大提升。

无论是“罗斯”还是“猎户座”，它们的目的地都不止于近地轨道，它们均具有能把宇航员送到月球并安全返回的实力。

人船合一，意念控制

航天飞机驾驶舱可能是世界上屏幕和按钮密度最高的地方。宇航员不但要熟记这些设备的位置和功能，还要带一本厚厚的使用手册备用。而在微重力环境下，身着厚重的宇航服又使肢体运动极其不便。如何解决控制界面过于复杂而操控动作不便的矛盾？英国艾塞克斯大学的一个研究小组想出一个解决方案——使用“大脑—计算机界面系统”（BCI）控制宇宙飞船。

在实验中科学家使用BCI系统模拟飞船操控，发现两个宇航员协同工作时具有较高的工作效率。模拟宇航员的测试者头戴包含66个电极的帽状装置，这是一种非侵入式获得大脑信号的方法，能够读取测试者的脑电信号。为了放大脑电信号，研究小组通过计算机在屏幕上产生特殊的视觉刺激，帮助被试者产生大脑信号，进而模拟飞船在太空中的状况。“飞船”在屏幕上是一个较大的圆圈，“太阳”是一个较大的白色球体，当“飞船”逐渐接近“太阳”时，白色球体就会变大。在圆圈周围的一组8个灰色圆点是控制飞船移动的光标，每个圆点代表不同的方向，这些圆点将以绿色或者红色随机点亮。

为了实现飞船沿着特定方向飞行，“宇航员”必须集中注意力于这些圆点，识别圆点每次点亮时的颜色。对圆点色彩的专注将使大脑产生较强的脑电信号。当测试者专注于飞船沿着正确轨道移动时，几台计算机将协同工作读取大脑信号并进行分析，实时呈现飞船的模拟飞行状况。科学家们希望，通过解读控制飞船姿态的特定大脑信号，可以开发出一套飞行操作系统，有朝一日能用在飞船驾驶舱中，取代现在密密麻麻的显示器和按钮。

看样子，《星际迷航》系列影片中船长发出口头指令，船员跑来跑去执行操作命令的忙碌舰桥场景很快就要过时了，毕竟那属于20世纪60年代的想象，新世纪的星舰船长将可以做到“身未动，心已远”。

4

未来太空

第十八章

空天飞机，80分钟环游地球

飞机丧失交通统治权?

有北京人这样形容京津城际高速铁路开通后的旅程：“一份报纸还没看完，天津站就已经到了。”再过几年，这样的城际高速铁路将连接中国各大城市。相比之下，短途航班仿佛失去了竞争力。

但洲际越洋飞行尚无法被高速铁路取代。尽管大型客机的时速已达到900千米，但要飞越太平洋或从北半球飞到南半球，往往还需要12个小时以上。没有更快的办法了吗?

办法是有的，只要乘客愿意花钱。于1976年投入商业飞行的“协和”式超音速客机可将从伦敦到纽约的旅途时间压缩为三个半小时，这得益于其达到了现代战斗机两倍音速（一倍音速相当于在海平面每小時1223千米的速度）的速度。当然，时间就是金钱，跨大西洋的往返票价也高达9000美元。不幸的是，2000年7月25日，一架满载旅客的“协和号”客机在巴黎失事，使113名乘客殒命蓝天。整个失事过程都被路人用家用摄像机拍下，惨烈的镜头给公众造成难以愈合的心理创伤。从那以后很少人再敢乘坐这种飞机了。2003年10月24日，“协和”飞机执行了最后一次航班后，全部退役封存。

就在“协和号”还在乘客寥寥的航线上苦苦挣扎之时，又有一种著名的飞行器发生事故。2003年2月1日，美国的“哥伦比亚号”航天飞机在重返大气层时发生解体灾难，导致7名航天员罹难。一时间，人们再次对航天飞机的经济性与安全性提出了疑问——航天飞机系统并不是所有部件都能重复使用，返回大气层时无动力的滑翔实在有点听天由命的感觉。能不能在火箭发动机的基础上，再给航天飞机安装航空发动机，让它在大气层中能像普通飞机一样自在翱翔呢？

空天飞机应运而生

虽然“协和”的故事画上了句号，但越洋超音速飞行的梦想一直萦绕在航空航天专家的脑海中。聪明的人当然不会因噎废食，将“协和”的超音速载客功能与航天飞机的轨道飞行功能相结合的念头很久以前就出现了。只是由于技术难度太高，这种被称为“空天飞机”的飞行器一直未能投入使用。

简而言之，空天飞机就是既能航空又能航天的飞行器，集喷气式飞机、运载火箭与航天飞机于一身，它既可以作为载人航天器，又可完全重复使用。空天飞机上同时有飞机发动机和火箭发动机，它起飞时并不使用火箭助推器，而是像普通飞机一样从跑道上凭借喷气式发动机起飞，在高空逐渐加速，以高超音速在大气层上层飞行。进入太空前，因为氧气稀薄，喷气式发动机切换为火箭发动机，以自带的氧化剂和燃烧剂助推进入太空，成为航天器。空天飞机降落时则可以像普通飞机一样在飞机场降落。

为了实现这一功能，工程师想到一个可行的解决方法，就是使用超音速燃烧冲压喷气发动机作为空天飞机的引擎。这种发动机在升空时会从大气中吸入氧气助燃。由于不用携带助燃剂，起飞重量大大减轻。就拿美国曾使用的最先进的太空发射系统航天飞机来说，约有一半的发射重量是来自液态氧与燃烧剂，整个系统必须一路承载着这些重量，让火箭持续燃烧燃料以进入轨道。而同样燃烧一千克的推进剂时，超音速燃烧冲压喷气发动机所产生的推进效果是火箭的数倍。在经过几十年断断续续的发展后，具实用性的超音速燃烧冲压喷气发动机可望推动空天飞机展翅而飞。各国研究人员已经在2007年与2008年对这类引擎进行了关键而全面的地面测试，2009年也进行了一系列突破技术障碍的飞行试验。

例如，美国能源部的劳伦斯—利弗莫尔国家实验室已完成一种超高音速飞机的革命性设计。这架原型机是用氢做动力，时速近11 000千米，即10倍音速。这样的风驰电掣使其可在2小时内飞到全球任何位置。这种飞机的与众不同之处在于它的飞行轨迹。它被设计成在大气层上缘飞行，像用石片打水漂一样在大气层上弹跳前进，轨迹类似一条正弦曲线。按照设计师的构想，这种飞机首先穿越大气层到4万米的高空，关掉发动机靠重力与惯性降回大气层上表面。此时再启动超音速燃烧冲压喷气发动机吸入空气推进助燃，再次升入太空。如此往复，不但燃料的燃烧效率得以提高，还减少了散热的麻烦。

潜在的军事价值

投资巨大、技术超前的发明总是离不开军方的影子，空天飞机也不例外。美国国防部对空天飞机潜在的军事价值十分感兴趣，并在未来打算用它接替现有的慢吞吞的轰炸机和运输机。据美国国防部披露，这种构想中的空天轰炸机从北美大陆起飞后，在2小时内可以抵达地球上任何地点的上空。如果开发过程顺利，这种飞机最早可在2025年投入使用。

在某些军事行动中，投放兵员有时比投放炸弹更重要。美国军方还正在筹划一项空天运输机计划，旨在4小时内，运送全副武装的海军陆战队突击小队前往全球任何一个陷入困境的热点地区。

美国空军一名发言人称，美国宇航局与五角大楼官员已经开会规划了“热鹰”飞行器的事项。与会代表们讨论了一项可能是革命性的步骤，即在短时间内派遣作战部队前往全球任意地点。而这在现有航空技术条件下是难以实现的。

在这次会议上，致力于“热鹰”的工程师们受命设计一份原型机蓝图，预计在11年内可以升空。结构分为两段的“热鹰”可以从航空母舰上发射。一个大型助推火箭将推举一台小型航天器升空，一直爬升到距地面80千米的太空。航天器上载有13名特种部队士兵。高高在上的航天器可以避开地面的敌方搜索雷达，然后降低高度，出其不意地在敌方领土着陆。

在2002年，美国海军陆战队最早提出军用空天飞机计划。当时美军在阿富汗山区追捕本·拉登失败，促使美军寻找更快地部署部队到指定地点的方法。该项目名为“小型单元太空运输与进入项目”。当时的任务总指挥希望这种空天飞机能在2019年前投入使用。

飞在时间前面

就在美国人探讨将空天飞机用于未来战场的可行性时，善于捕捉商机的日本人已经开始评估空天飞机的潜在商业价值。

日本在航空航天领域一直尝试跨越式前进。其中最为冒险的尝试就是计划建造新一代客机，使其能够在3小时内从东京飞抵洛杉矶。但一系列事故（如试验中飞机头部出现问题）迫使日本宇宙开发组织寻求国际合作伙伴。之所以如此锲而不舍，是因为他们相信，在高超音速飞行方面取得突破有助于提升日本航空航天工业水平，甚至使日本企业从被波音、空客霸占的全球航空市场中分得一杯羹。

日本工程师在研发中遇到两大难题。这两个难点也曾困扰“协和”飞机的设计师，即超音速喷气发动机噪音过大与燃料消耗过大。日本已经成功试验一种发动机，理论上可达到5.5倍音速。《日本经济新闻》称，日本方面希望自行开发发动机（该发动机产生的噪音只是“协和”飞机的1%，不会令乘客和机场附近的居民难以忍受），机体则委托波音公司建造。

日本的目标是到2025年使用新式飞机进行定期航班飞行，但在样机建造前需要十几年的开发时间。与美国同行一样，日本也看好超音速燃烧冲压喷气发动机。他们计划使未来的客机达到每小时8000千米的速度，这将是传统客机速度的10倍。如果乘坐这种客机跨越大西洋从伦敦飞到纽约，当乘客经历了不到1小时的航程踏上纽约土地后，他会发现，由于两地有4个小时的时差，抵达纽约的时间竟比其在伦敦登机时的时间还早上3个小时。空天飞机真正做到了飞在时间前面。

从小众市场做起

欧洲最大的航空航天公司——欧洲宇航防务集团的一份市场研究报告得出结论：用飞行器运载富有的旅游者到

达100千米高空获取几分钟的失重体验，可能在未来20年内成为一个数十亿美元的庞大产业。毕竟，几万美元的机票相比3000万美元一次的国际空间站之旅还是便宜许多，体验者也无须到俄罗斯航天员训练中心接受半年的高强度训练。出于对太空旅游市场前景的看好，欧洲宇航防务集团正在寻求合作投资者来建造小型化的火箭飞机。

该集团麾下的阿斯特里姆公司（“阿丽亚娜5型”火箭的总承包商）说，该公司的一支设计团队已经用两年时间设计了一种看起来像私人公务机一样的飞行器，它可以携带4名乘客。这种飞行器翼展很大，在稀薄空气中使用一台以液态甲烷和液氧为燃料的火箭发动机推进。阿斯特里姆在巴黎国际航展上公布了该飞机前端的全尺寸模型以及由世界知名设计师莫拉克·纽森所设计的富有太空色彩的座舱。

这种空天飞机将用两个常规的喷气发动机从某个标准的飞机场起飞。飞机爬升到12千米的高度后，喷气发动机关闭，火箭发动机点火，为飞机的巡航阶段提供动力。随着火箭发动机达到最大功率，飞机将在80秒内到达60千米的高空。随后，火箭发动机关机，惯性使飞机继续上升到100千米的高空。这时，乘客将体验到太空中的失重感，并可以透过舷窗俯瞰已成球状的大地。飞行员和乘客座椅能够根据飞行姿态自动调整角度，使加速和减速对人体造成的不适感降到最低程度，并确保乘客的安全。

在太空中，飞行员将使用多台小型火箭发动机控制飞机姿态，使乘客体验长达3分钟的太空失重感。随后飞机有控制地下降，经过减速后，进入稠密大气层的喷气发动机将重新开始工作，最后飞机以常规方式安全地在一个标准跑道着陆。整个飞行过程将持续大约一个半小时。

不同款式的空中发射火箭

未来，空天飞机将有可能成为“点对点”快速运输的先驱者，或者是低成本进入太空的先行者。那时，形形色色的空天飞机将如雨后春笋般出现在航空港中，使普通人也能体验到前人不曾领略过的速度和高度。

第十九章

乘气球飞上太空

载人气球飞天边

“5，4，3，2，1……”随着倒计时结束，座舱冉冉升起，轻柔地加速，飞上蓝天。不过哪里有些不对劲——没有轰鸣声，没有火光和烟雾，没有剧烈的震动。没错，这些缺少的元素正是西班牙人琼斯·马里奥·洛普兹·乌迪勒斯想要在未来的太空之旅中竭力避免的东西。要走上安静、环保的登天之旅，古老的气球将派上大用场。

人类利用气球飞上高空已经有很长的时间历史了，第一批将地球描述成蓝色星球的人搭乘的不是火箭，而是气球。但在进入“火箭时代”之后，气球这种飞天方式也随之告别辉煌。1961年，载人气球达到有史以来的最高飞行高度——34.7千米，同一年，苏联宇航员尤里·加加林进入太空。从那以后，先后有500多人坐火箭上过太空，其中18位殒命蓝天。从万人死亡率来看，火箭是最危险的交通工具。对有些人而言，风险是乐趣之源，但是对于想在太空旅游业中淘金的洛普兹·乌迪勒斯来说，安全是赚钱的前提。自从他的父亲——一位大气物理学家——向他展示了用于探测土卫六（泰坦）和火星的科考气球方案后，洛普兹·乌迪勒斯就迷上了这种交通工具，并打算将其用于载人航天。他成立了一家公司打算开展乘坐气球上太空的服务。

受大气层高度的限制，气球虽然没有火箭升得高，但乘员不必冒着成吨的火箭燃料在屁股底下爆炸的风险。况且，这一过程对环境的负面影响很小。

奇特氦气球为游客太空旅游创造新机会

至于美景，绝对没得说。虽然大气层与太空之间并没有明确的边界，但在34千米的高度，多达99%的大气分子都在你脚下了，还可以看见方圆800千米以内的地景。这意味着你会看到前所未见的晴朗星空，还有湛蓝的地球弧面。在这个高度看到的景象接近太空——明亮的太阳悬在漆黑一片的太空背景里，地平线上呈现出绚丽的铁蓝色。

根据乌迪勒斯的计划，载客舱悬挂在一个直径129米的大型氦气球下面。这个座舱直径4.3米，可容纳2名驾驶员和4名乘客。舱内加压，环境舒适。气球可在距地面大约36千米的高度巡航几个小时，让乘客在宁静的高空饱览美景。起飞时，气球瘪瘪的，只有顶部的一个小气囊里充了氦气。但当它越升越高并且外部大气压逐渐下降后，气球内的气体就会开始膨胀，气球的体积将增大到它在海平面时候的346倍。而当它升到垂直极限最高点的时候，整个气球的体积将比帝国大厦还要大。

虽然没有失重、过载等火箭飞行常见的刺激，气球乘客有自己独到的乐趣，但一旦座舱破损，他们将面对舱外-26℃的低温，几乎真空的环境造成了足以使血流停止的低压，一些散落于太空的卫星残骸甚至会从他们的耳畔呼啸而过，生命维持系统届时将会非常忙碌。

环保主义者钟情于气球的原因在于它几乎没有碳排放。传统的化学燃料火箭在工作时会排出大量二氧化碳。运载亿万富翁上国际空间站的俄罗斯“联盟号”火箭因为使用液氧—煤油做燃料，还会沿途撒播细小的煤烟颗粒，形成温室效应。在平流层的高度，火箭煤烟可飘浮十数年之久。而洛普兹·乌迪勒斯所成立公司的强劲竞争对手公司，采用固体燃料火箭开展亚轨道太空旅游，其环境影响同样不可忽视。有研究者指出，每年发射1000次亚轨道火箭飞机造成的温室效应，相当于当年所有民航飞机的温室效应的总和。所以，一旦太空旅游达到产业规模，降低温室气体排放将成为当务之急，否则其环境代价将使富有的消费者（乘气球上太空的票价初步定为每人11万欧元）也望而却步。氦气球在工作时虽不直接排放温室气体，但制备氦气的过程也要产生碳排放：要填满一个容积为4000立方米的氦气球，会产生4吨二氧化碳，平均下来，这个排放量相当于每位气球乘客做了一次洲际民航飞行，这是环境可以承受的二氧化碳排放量。所以，如果你想安全从容地上太空观赏蓝色星球，又怕破坏地球脆弱的环境，氦气球是目前的最佳选择。

无人气球探外星

过去，对行星表面进行探索往往使用着陆器和漫游车。但它们的探测范围很有限：着陆器的物理探测范围为几平方米，带轮子的漫游车也不过巡行几平方千米。探测气球（或飞艇）的出现改变了这一局面。气球的一个优势在于可以承载较大的探测设备，这将提升科学仪器的分辨率、灵敏度和数据传输速率。理论上，气球可以在太阳系有大气的八个星体上飞翔：地球、金星、火星、木星、土星、天王星、海王星和泰坦星。

金星距离地球近，大气密度大，是最容易用气球探测的行星。1985年6月，苏联发射的“维加AZ”探测气球到达金星。总重20.5千克的气球在着陆器下降到距金星表面61千米时被释放出来，内充氦气，直径3.54米。为抵御金星的酸性大气，气球外壳由不粘锅的涂层材料特氟龙制成。“维加AZ”气球的飞行高度是54千米，这里环境温和，温度大约30℃。地球上的射电望远镜观测到该气球在金星的黑夜区域飘浮了将近两天。未来，如果能在金星着陆采样，气球也会是把样品带至绕金星轨道上的最适宜的运载工具。

火星的大气密度很低，对于同样在60千米高度飞行的气球来说，火星气球的体积将是金星气球体积的150倍。尽管如此，位于慕尼黑的德国火星协会研究人员正计划推出一种火星探测气球：其设计灵感更多来自飞艇，如“兴登堡号”飞艇，而不是来自常见的着陆探测器。这种新式气球飞行器名为“阿基米德”，它将比人造卫星更为接近火星表面，其航拍的全彩色画面同地球摄影师从直升机上拍摄的画面颇为相似。

在向地面长达一小时的降落过程中，这个火星气球飞行器将使用一批传感器来采集温度、风向和湿度等数据。这些在不同高度收集到的数据将为科学家了解火星气候模式提供必要的“原材料”。该项目的科学家伯纳德·霍斯勒说：“探测器在距火星表面几英里处不能告知你大气密度，也不能给你一个从一英里高处拍摄的火星表面图像。但气球探测器则能实现上述两点。”一套磁性传感器也能够记录下重力波动情况，从而能为洞察火星的地质构造助力。

火星气球的发明者格里贝尔博士认为气球本身不是问题所在——我们已经拥有能飞上平流层的气象气球，平流层的条件同火星大气层非常相似。但如何将气球送入火星大气层就有难度了。最初，格里贝尔博士设想了一种进入火星大气层之后就开始充气的气球，但在火星稀薄的二氧化碳环境中，没有什么办法可以让高速降落的瘪瘪的气球慢下来，所以在非常短的时间内给气球充气是关键。于是，格里贝尔博士摒弃了上述想法，转而提出在太空中给气球充气，然后将这一球体推进到火星大气层。但这一选择也存在自身问题：当气球飞船到达真空与行星大气之间的分界面时，剧烈的摩擦会将飞船绕轨道运动的动能转化为热量。

乘气球飞临大红斑

阿瑟·克拉克在1971年发表的科幻小说《遭遇“美杜莎”》中想象了地球上的热气球探险家飞往木星科考、遥望大红斑的情景。因为木星大气主要由最轻的气体——氢气构成，只有一种气球可以在以氢气为主的大气里飘浮，那就是充满氢气的热气球。所以“康泰基号”气球吊舱中安装了小型脉冲核聚变反应堆，用以加热气球中的氢气。“几千立方码的气球在天空中展开，像一朵开放的大花，然后吸入气体直到完全充满。”这是一个浮空平台，在木星大气层的气流上飘浮。飘浮的位置在木星表面上空267千米处，气温是-50℃，气压是5个大气压。小说中的探险家发现了飘浮在气球周围的水母一样的木星生物，它们也有类似气球的构造。后来天文学家卡尔·萨根在其制作的科普片《宇宙》中再现了木星探测气球和想象中的气球状木星生物。

美国宇航局兰利研究中心的科学家认为，飞艇将是未来探索土卫六（泰坦星）的最好工具。科学家知道土星的这颗卫星的大气层主要由氮气组成，含有有机物质，非常寒冷，上面有产生甲烷的物质，也许还有火山。科学家认为土卫六（泰坦星）在许多方面与地球有共同之处，它也许会告诉我们地球往昔的历史：在行星形成之初，地球上只有一些简单有机物，它们后来发展成生命。

土卫六（泰坦星）上致密的大气（相当于地球大气密度的4.4倍）、低重力（地球的1／7）和低温（-181℃）使其成为探测气球的天堂。高密度大气可产生更大的浮力，低重力使得气球可以装载更多仪器，而在低温环境下，气球材料的强度会增强。因此美国宇航局的科学家认为土卫六（泰坦星）特别适宜物体飞行或飘浮。他们提议今后要采用飞艇、固定翼飞机或直升机来进一步探索土卫六（泰坦星），其中飞艇是最理想的探索平台。设想中的泰坦飞艇应该是一种自主性强的氦气飞艇，飞艇长18米，直径3.5米，能够携载26千克载荷，飞行高度1～5千米，一次至少能飞90天。

太空气球新用途

人们通常认为气球升空的高度有极限，空气过于稀薄、气球会在内部气压的作用下爆裂。其实，换个角度看，太阳以及大多数恒星都是“气球”。只要能用重力或薄膜把气体约束住，气球并不“厌恶”与真空并存，它完全可以飞至极高空，甚至飞进太空中。

除了观光，高空气球还有以下更重要的用途：

1. 太阳能飞艇取代卫星

2003年，美国维默特公司在美国宇航局的帮助下，研发出“百夫长”太阳能遥控飞艇，并成功地进行了试飞。“百夫长”的外形很像一个巨型机翼，全长60多米，上面覆盖着许多太阳能电池板，用电力驱动沿机翼顺序排列的14个螺旋桨。它可携带272千克有效荷载，与普通卫星的有效荷载相同。发射一颗通信卫星的费用至少需要1亿美元，配置一艘太阳能飞艇只需500万~1000万美元，一位领航员能同时遥控好几艘飞艇，其有效荷载也可返回地面进行升级。

2. 巨型气球清除太空垃圾

氦气球在拖拽失灵卫星返回地球方面也能发挥大作用。以后新卫星发射时都可以携带一个折叠气球，一旦卫星将要报废，气球便会充满氦气或其他气体，这样当气球与地球稀薄大气接触时就形成阻力。只需一年时间，一只直径37米的气球就能将1200千克重的卫星从830千米的初始轨道上拉下来，使其坠入大气层内焚毁。要是靠卫星自然陨落则需要几百年。气球、气罐和设备只会给卫星增加36千克的重量，比目前使用的让卫星离轨而配备的燃料重量小得多。

3. 轨道攀登者

美国一家公司于2004年提出了建造一个独木舟式高空轨道飞艇“轨道攀登者”的方案。该飞艇长达1.8千米，可以在30~42千米的高空悬停。使用离子推进系统，巨型飞艇能达到轨道飞行所要求的25倍音速的飞行速度，在3~9天的时间内上升到近地轨道，成为一种可往返于地面和轨道的交通工具。这将是一种不用火箭而把人和货物运送至太空的新型安全的运输方式。一旦飞艇出现问题，只需停电转入飘浮状态，就可消除危险，不像曾发生重大人员伤亡事故的航天飞机一样，出了故障只能坠地。

第二十章

打造地外经济

小行星采矿热

2012年4月24日，刚刚进行了深海探险的导演詹姆斯·卡梅隆在西雅图飞行博物馆，携多位社会名流（包括“Word之父”、太空旅游公司创办人和美国宇航局资深航天员等）召开新闻发布会，宣布成立行星资源公司，把小行星上的水以及贵金属作为开采对象。他们宣称，此举将“给全球创造数以亿计的GDP”，“为人类的繁荣昌盛提供基础和保障”。

卡梅隆不是第一个打算把矿工发射到小行星上的好莱坞导演。1998年上映的科幻片《世界末日》中，布鲁斯·威利斯扮演的钻油井工人率队登陆一颗巨大的小行星表面，钻探至小行星深处，放入核弹引爆，以避免该小行星撞上地球造成毁灭性灾难。

小行星与小行星带是科幻小说中常见的故事发生地。在那里，未来的人类进行移民拓殖，提炼金属矿物，或作为星际海盗的藏身地，随时准备劫掠货运飞船……在科幻作家笔下，小行星成了交织

宇航员在接受探测小行星任务训练

着金钱与鲜血的太空“金银岛”。

在现实中，天文学家通过光谱观测法来分析小行星表面反射的光，可以判断出小行星的化学成分。光谱分析发现，除了铁、镍、镁之外，有些小行星上还可能会存在水、氧、金、铂等物质，正是这些物质吸引着太空寻宝者。

1997年，美国人约翰·刘易斯在《太空采矿：小行星、彗星和行星上的无尽财富》中设想，开发3554号小行星可获利20万亿美元，其中8万亿美元来自铁和镍的矿藏；钴储量价值6万亿美元；铂族贵金属价值6万亿美元。放眼整个太阳系，直径1000米的小行星约有100万颗，平均每一颗都含有3000万吨镍、150万吨钴和7500吨铂，仅铂一项就价值1500亿美元以上。他因此断言，资源危机不过是“源于无知的幻觉”。

自这本书出版以来，铂的价格已经涨了三倍。巨大的利润刺激着潜在的小行星采矿者，据行星资源公司估算，一颗直径500米的富铂小行星的铂储量相当于人类历史上开采的所有白金。

采矿四部曲

在卡梅隆执导的科幻电影《阿凡达》中，采掘外星资源的努力以采矿企业惨败告终。而在真实的小行星上，没有原住民“捣乱”，采矿企业只需面对技术问题。

行星资源公司打算以四步走的形式开拓小行星矿业市场：

（1）研制并销售小型轨道望远镜，供机构、公司、个人发现小行星目标并进行各种研究。

（2）将小型轨道望远镜改造为小型小行星探测器，探测目标小行星的基本特性。

（3）研制并发射大型小行星探测器，供美国宇航局或科研机构或私人公司以低成本探测目标小行星的成分。

（4）研制小行星开发用飞行器。

行星资源公司计划用18个月到24个月完成项目第一步，即发射一系列微型太空望远镜，在小行星群中寻找合适的开掘对象。这些望远镜仅有几英尺长，几千克重，造价低，容易发射，可以组成一个窥视深空的侦察网络。如果按计划进行，此阶段开支可控制在1000万美元以内。

选定目标后，机器人矿工最快可在10年内登陆小行星。由于小行星上重力小，浮土层松垮，易于铲除，发明一种类似铲雪机那样的机器应当不是难事。就像用铲雪机铲除积雪、铲出路面一样，登陆小行星的太空机器人可轻易掘开浮层，进而挖掘金、铂、水冰等资源。而后形成常态，搭载机器人的飞行器往返地球和小行星之间，就像班车日常往返矿场一样寻常了。

该公司希望通过建立燃料补给站来降低成本。抵达小行星后，首先开发上面的水资源，建立燃料补给站，然后再开采小行星上的金属。从小行星上带回的水被分解成氢氧燃料，供飞行器的推进火箭使用，以减少对地球供给的依赖。行星资源公司的专家说，水的获取、分解和燃料加注应完全自动操作，由飞行器内部装置自行完成。当一颗小行星上的矿产资源开采完之后，采矿设备可以打包装入飞船，飞到下一颗小行星上继续采掘。

开发小行星有助于人类向太阳系深处拓展殖民。《赶往火星》的作者罗伯特·祖布林认为，未来地球、火星和小行星带之间有可能形成新时代的“三角贸易”：地球生产的高技术产品供给火星，运用地球技术出产的火星当地低技术产品可运往小行星，最后将开采小行星获得的金属矿物带回地球。这样一来可大大降低人类在小行星带的采矿成本，并将有助于人类文明冲出地球。

不过，将贵金属大量运回地球可能引发的金融动荡等一系列后果也需提前考虑。无论如何，铂系金属的广泛应用将大大推动以此为催化剂的化工、环保和制药行业发展，给人们带来更廉价的药物、更好的生活质量和更洁净的环境。

月球商机

月球是有望实现自给自足的另一颗星球。没有大气层的遮蔽，高效太阳能电池能提供基地的电力。月球土壤中含有铁、硅和铝元素，可以用3D打印技术制成零部件。试验表明，月尘还能制成混凝土，构筑月球基地的房屋和道路，经过改良的月球尘土还可以在温室里种庄稼。

待公司或政府将月球的基础设施建好，精明的商人会纷至踏月，寻找赚钱机会。2009年担负观测撞月过程使命的月球勘测轨道飞行器上搭载了一块芯片，记录了数百万个姓名，这都是从美国宇航局网站上征集的太空爱好者留名。公众对上天的热情可见一斑。

下一步，私营公司将把更具纪念意义的私人物品送往月球——情书、玩具、给“外星人”的礼品等，甚至太空殡葬业也列入了规划，期待“与天地共不朽”的富人大有人在。在美国“太空城”休斯敦市，有一家西莱斯蒂斯公司推出了“太空殡葬”服务。该公司目前已经开始接受“月球葬”业务的预订，第一个排队参加“月球葬”的人是美国太空地质学家马里塔·威斯特，当年正是威斯特负责挑选了“阿波罗11号”的登月地点。威斯特在1998年去世，她的两克骨灰目前已被储存起来，等待参加“月球葬”的发射任务。

更受在世者欢迎的恐怕是“月球地质远足”“月面微重力疗养”等亲身体验活动。月球具有数亿年不变的亘古蛮荒景致，足以吸引足迹踏遍地球三极的旅行家前往。月球表面重力只有地表的1/6，运动病患者在那里会发现自己身轻如燕，病痛也渐渐远去。地球上的运动健将也可以利用微重力玩出许多花样，撑竿跳、跨栏、体操、跳水的运动形式将大不一样。也许，未来的奥运会将在月球基地设立分会场。当然这一切都所耗不菲，月球商业普及化还要靠太空运输成本的降低来实现。

目前对月球的商业开发在法律上仍处于灰色地带。1979年，联合国颁布的《月球协议》规定，月球属于全人类，不应被任何国家、组织和个人占有。虽然目前该协议尚未得到主要航天国家的一致批准，但若月球显示出极大的商业潜力，比如可供核聚变发电的氦-3资源能够运回地球，航天大国未必不会以国际法的形式约束对月球的开发。

与地球上的风景区一样，过度的商业开发可能对月球上的文化遗产造成破坏。目前月面上有多个人类探月留下的遗迹，其中最具纪念意义的莫过于人类首次登月的静海基地，那里至今保留着“阿波罗11号”着陆器和两位登月宇航员的脚印。为避免日后月球观光客蜂拥而至破坏古迹，2011年，美国宇航局曾建议应指定2千米长的缓冲地带，将该区域围绕起来。

太空经济风光无限

太空经济是指太空探索和开发活动创造的产品、服务等，产品和服务融入生活的方方面面，涵盖通信、金融、医疗、国防等，也包括新兴的太空旅游等服务。

航天飞机全部退役后，美国暂时失去了向国际空间站运送宇航员及物资的能力。奥巴马政府已经取消了原本打算接替航天飞机的“星座计划”，他们计划凭借私营公司的力量运送宇航员，人们也对此寄予厚望。从理论上讲，政府对大胆进入航天领域的企业进行早期资助，能够催生出一个以太空旅行为核心的充满活力的产业，而且竞争也会推动航天发射的价格不断走低。硅谷科技企业家埃伦·马斯克看准了这一商机，他的私营公司拿下了一份价值16亿美元的合同，为美国宇航局进行“长途货运”。该公司的“龙号”太空船已经成功与国际空间站对接，运送了货物。下一步，该飞船将试验载人往返天地之间。

从长远看，对太空的开发会给地面带来不菲的收益：航天领域内每投入1元钱，可产生7至12元的回报。耗资250亿美元的“阿波罗登月计划”，科技成果转化为民用后衍生出数千亿美元的市场；中国近年来开发出的1000多种新材料中，80%是在太空技术的牵引下研制完成的，有近2000项太空技术成果已移植到国民经济各个部门。太空经济的各种产品和服务必然要依托相应的基础设施，这包括地面设备、运载设备、卫星及其他各类探测设备。这些技术设备和基础设施的建造与维护都会带动经济发展，太空经济将成为驱动地面经济发展的另一台引擎。

第二十一章

怎样飞出太阳系

常规火箭使用化学燃料推进，能量密度低，用于行星际飞行尚可，飞出太阳系则不现实。要想挣脱太阳系的引力束缚，得使用更强大的力量才行。

核动力推进

早在20世纪初，得知居里夫人提炼出放射性元素镭之后，俄国“航天之父”齐奥尔科夫斯基就预言：“一吨重的火箭只要用一小撮镭，就足以挣断与太阳系的一切引力联系。”

20世纪50年代，核动力船舶、核动力飞机等技术设想层出不穷。大胆的科学家把目光投向了超级大国逐渐膨胀的核武库，他们计划以核弹为动力，推动火箭飞向深空。

坐着原子弹上太空

核火箭的技术论证最早出自参与“曼哈顿工程”的两位科学家斯塔尼斯拉夫·乌拉姆和弗雷德里克·霍夫曼。其原理是使一颗颗小型原子弹在火箭尾部相继爆炸，其产生的反作用力可推动火箭前进。1958年，美国核科学家泰勒在此基础上提出了“猎户座”计划。按照泰勒的计算，在大气层外连续爆炸50颗2000吨TNT（一种烈性炸药）当量（用释放相同能量的TNT炸药的质量表示核爆炸释放能量的一种习惯计量）的原子弹，可将火箭速度提升至70千米／秒。这种火箭可以用来发射大型载人行星际飞船，可以用125天飞到火星，用3年时间飞到土星。然而，1963年签署的《禁止在大气层和外层空间进行核试验条约》从法律上禁止了任何在大气层内点燃的核火箭。1965年，“猎户座”计划研究终止。科学家的兴趣转向了能量更大、辐射更少的核聚变火箭。

纸上谈兵的核聚变火箭

“代达罗斯计划”是最著名的核聚变火箭方案。这是英国星际学会在1973年至1978年开展的研究计划，该计划设想使用核聚变火箭推进无人飞船，在一代科学家的有生之年抵达另一个恒星系统进行快速探测。距地球5.9光年的巴纳德星被选为该计划的目的地。

“代达罗斯”飞船的核聚变火箭的核心构造是被磁场约束的燃烧室。按照设计，每秒钟向燃烧室注入250颗由氘和氦-3构成的核燃料小球，在第一颗核燃料小球射入的时候，分布于燃烧室内腔的几十个电子束发生器射出电子束，轰击核燃料小球，使其发生聚变反应，瞬间产生高温等离子体，被磁场导出的等离子体可推动火箭高速向前飞行。根据设计，第一级火箭工作2年后会自动脱落，第二级火箭继续工作1.8年，把飞船加速到36 000千米／秒的最终速度（相当于光速的12%），然后飞船将在茫茫太空中依靠惯性飞行46年，最后到达目的地。

设计中的“代达罗斯”飞船长度达到190米、质量达5.5万吨，相当于半艘尼米兹级核动力航空母舰的质量。因为过于庞大，无法一次发射入太空，只能在近地轨道上利用微重力环境组装。

直到今天，“代达罗斯”飞船所需要的大量核心技术仍是纸上谈兵，目前尚未造出可控核聚变发动机。在近地轨道上建造并组装几万吨的航天器也近乎天方夜谭，只有400多吨重的国际空间站也花费了20年时间进行组装建设。

乘着光线飞往恒星

太阳无时无刻不在释放光和热，它是太阳系中最大的能量宝库。可否借助太阳的力量进行航天飞行呢？

1. 太阳帆飞船

400年前，天文学家开普勒就提出了利用帆船来探索星空的设想。他认为彗星尾部受到微弱“太阳风”的吹拂，于是设想可以利用这种“风”来推进带帆的飞行器，就像海风推动帆船一样。尽管开普勒关于太阳风的见解后来被证实是错误的，但后世的科学家们却由此受到启发，思考用太阳光推动物体的可行性。

太阳光的力量十分微弱，在地球绕日轨道上，每平方千米表面接受的太阳光压才有4.55牛顿，也就是一个苹果的重量而已。虽然力量微弱，但太阳帆提供的推力贵在持久。只要有阳光照耀，它就可以一直工作，在太阳光的压力下缓慢加速，并通过调整帆面相对太阳的角度来控制速度及方向，日复一日，太阳帆总有一天会达到惊人的高速度。

这一天并不遥远，假如有一艘帆面面积为7万平方米的太阳帆飞船，飞船质量是500千克，那么它离开地球轨道时每秒的速度增加值是1毫米／秒。当其抵达火星轨道时，时间才过去284天。这个速度与使用化学燃料火箭的火星探测器相当。

太阳能光帆可以通过搜集太阳能使飞船运行，太阳帆飞船靠阳光漫游太空，不携带燃料并一直加速，是目前唯一可能乘载人类到达太阳系外星系的航天器

太阳帆飞船已不再是停留在蓝图上的构想，不少国家都在进行太阳帆飞船的实验，其中以日本2010年发射的“伊卡洛斯号”试验太阳帆最为成功。2011年1月，完全依靠太阳光驱动的“伊卡洛斯”已成功完成全部实验项目，包括利用阳光实现加速和改变轨道等。“伊卡洛斯”

有一面对角线长度20米的方形帆，由聚酰亚胺树脂材料制成，厚度仅0.0075毫米，它在飞行过程中会持续旋转，依靠离心作用使帆保持张开状态。

2. 激光帆飞船

太阳帆飞船距太阳越远，受到的光压越小，加速度越低。如果可以用人工光照射太阳帆，它就可以持续加速并飞出太阳系了。激光是最强的人造光源，激光帆飞船不但能在太阳系内飞行，还可作恒星际航行。1984年科学家罗伯特·弗沃德做出的工程分析表明，进行恒星际太空飞行的可行办法是向一个大型薄帆飞船发射大功率激光。当激光帆采用圆盘布局并搭载1吨的有效载荷时，最大速度能达到光速的十分之一，飞抵4.22光年外的半人马座α星仅需40年。要达到这个目标，激光帆直径得有3.6千米，帆面材料为镀铝镜面。

虽然光帆面积很大，对帆面支撑等技术要求较高，但较其他形式的恒星际飞船而言，光帆仍是技术和经济上最容易实现的方案。据估算，如使用金属铍作为帆面材料时，实现上述飞行的激光器耗电费用为66.3亿美元。这只相当于“阿波罗计划”投资的1／4而已。因为地球大气会使激光衰减，理想的激光发射站应当位于月球这种没有大气层的天体上。如果未来能够开采月球上的氦–3资源并实现受控核聚变，发自月球的激光就可以射向宇宙深处的一叶孤帆。届时，人类就真正地向深空跨出了一大步。

第二十二章

人和机器人，谁更适合在太空工作

阿西莫夫在科幻小说《钢城》中，最先提及了未来“碳／铁文明”的概念。按照科幻大师自己的说法就是：“碳是人类生命的基础，铁是机器人生命的基础。碳／铁，是在一种平等与平行的原则下，结合人与机器人文化的最佳部分。”在《钢城》出版的1954年，电子计算机还是电子管式的。构想出“正电子脑”的阿西莫夫没有料到未来世界（也就是21世纪）中的人工智能均以硅芯片为基础。因此，不妨把天然智能与人工智能合作造就的文明称为“碳／硅文明”。

机器人进驻国际空间站

目前，“碳／硅文明”最活跃的领地是太空。因为太空的奇特环境，它成为各种先进技术最好的试验场。2011年搭乘航天飞机进入国际空间站的仿真机器人“太空机器人2号”（Robonaut 2，以下简称“R2”）就是太空“碳／硅文明”的杰出代表。R2的结构十分接近人类，拥有躯干、头部和手臂，可以在国际空间站中协助宇航员完成零星工作和维修任务，并承担一系列科研设备的保养工作。

R2具备类似人类的手指，还有柔软的手掌，能够抓住并抱起物体。它的眼睛是藏于金色面罩下的4台摄像机，具有立体视觉；口部藏有距离感应器；大脑设置在腹部；供电系统在背包中。

美国宇航局希望今后能派机器人执行类似“太空行走”这样的高难度任务。在空间站外部有一些十分锐利的金属部件，有可能划破宇航员的手套，这对执行太空行走任务的宇航员是致命的威胁，而R2可以代替人类宇航员进行这类危险的操作。

此外，擦拭栏杆和清洁空气滤清器等单调的工作也可以委托给R2，宇航员将有时间从事更需要创造力的工作。

在太空探索领域，机器人的外形不一定与人类相同。2008年落户国际空间站的加拿大机器人Dextre就是这样的范例。Dextre的名字来自英文单词“灵巧（Dexterous）”。“人”如其名，它有两只臂膀，每只都有7个关节，腰部还能自由转动。它的手掌——或者叫钳子——装备有扳手、照相机和灯。但Dextre每次只能使用一只手臂工作，以避免站立不稳或两只手打架。

花费十几年时间开发、耗资高达2亿美元的Dextre研发初衷是帮助宇航员维修老化的哈勃太空望远镜，同时帮助在空间站外进行太空行走的宇航员完成任务。由于其具有灵敏的触觉和高度的准确性，专家希望它能代替宇航员执行一些危险的舱外任务。

宇航员们则对Dextre“张牙舞爪”的外貌颇感兴趣。宇航员赖斯曼半开玩笑地说：“现在我们还不担心它会发狂，夺走空间站控制权……但它看起来确实有点吓人。”

也许是为了消除宇航员的紧张心理，美国宇航局地面控制中心在传送给空间站宇航员的日志中，幽默地援引阿西莫夫的“机器人三定律”的前两条——即日起开始执行几项新的飞行规定：第一，Dextre不得伤害人或者眼见人受到伤害而袖手旁观；第二，Dextre必须服从人给它的指令，除非指令与第一条相违背。

宇航员会有足够的时间和Dextre交朋友。负责该项目的加拿大航天局工程师丹尼尔·雷表示，Dextre眼下仅仅装备了三件工具，而往常进行太空行走的宇航员则配备了上百件。宇航员和地面控制中心需要几个月时间才能完全学会使用这个机器人。

AI控制宇宙飞船

也许是机器人这个词源于科幻小说（《罗森通用机器人》）的缘故，描写人工智能（AI）与人类争夺控制权的科幻作品实在太多。单就电影而言，远的如1968年的《2001：太空漫游》，近的如2008年的《Wall-E》，都具有AI控制载人飞船的情节。

在《2001：太空漫游》中，尽管作为宇宙飞船中控制电脑的人工智能HAL9000既具有电脑对任务的绝对服从及精确性，又具有类似人类的思维甚至感情，但在行星际探索任务中设计害死了几乎所有宇航员以图自保。欧洲航天局的科学家们把这只当作一个故事，他们希望有朝一日能用人工智能控制宇宙飞船。在欧洲航天局的支持下，英国南安普敦大学的自动控制系统专家桑德尔·维纳斯领导的科研团队一直在研发能用于人造卫星、机器人探索工具和宇宙飞船中的人工智能控制系统“系统脑”（sysbrain），以便这些设备能更好地控制自身。

装配了人工智能系统的通信卫星和无人太空探测器能实现自我操控，这将大大减少航天任务的成本。同时卫星或飞船也可以通过自我学习、发现问题、自我调试、自我修复并做决定来更好地完成任务。“系统脑”可以“听懂”人类的自然语言，不需要为发送新指令来编写特殊的编程代码。

飞船上的“系统脑”甚至可以连接地球的互联网，阅读最新信息并从中学习。该系统也具有人类所具有的推理能力，能准确预测宇宙飞船可能会遇到的问题并迅速找到解决方法。另外，在采取行动前，也能对任务的轻重缓急进行排序，优先完成最重要的任务。从这个意义上说，“系统脑”与在人机围棋大战中战胜人类的人工智能十分相近。

因为光速的有限性，地球和无人探测器之间的巨大距离导致实时沟通变得不可能，无人飞船上的人工智能必须具备自己解决问题的能力。欧洲航天局打算在未来的太空探索设备和宇宙飞船上使用人工智能软件。想象一下这样的场景：当无人火星车发现一块有研究价值的岩石时，人工智能软件能指导相机自动拍照并重新安排考察计划，而不必等地球上的控制人员发布新命令告诉它如何做。

欧洲航天局的无人自动货运飞船2号（ATV2）上已经配备了一套人工智能系统，并已验证了这项技术的安全可靠性。ATV2遵循提前编好的路线，使用传感器和碰撞规避系统安全到达国际空间站。未来宇宙飞船的安危或许将仰仗能自己做决定、提问题、预测危险并进行复杂思考的人工智能。

人和机器人，谁更适合太空工作？

“机器宇航员2号”和宇航员握手

智能机器人并不都是意图与人类一争高下的。从影片《星球大战》中的饶舌机器人C-3PO，到现实中默默跋涉的“勇气号”火星车，机器人一直是人类探索太空过程中的最佳助手。当这个助手的智慧与能力发达到一定程度时，会不会反客为主，完全取代人类在太空中的角色呢？从加加林进入太空以来，载人航天一直是一个高风险的事业，对人或机器人谁更适合探索太空的争论一直没有停止过。这种争论在“挑战者号”航天飞机和“哥伦比亚号”航天飞机失事后一度达到高潮。

近地轨道附近是一个险恶之地，充斥着致命的辐射、巨大的温差和来无影去无踪的微流星。太空的其他区域也好不到哪里去：金星上有浓密的酸雾，木星上的气压能压碎最坚固的潜水艇，天王星上则经常飘落烃类的雪花。即便有飞船和宇航服的庇护，人类要到那种地方探险仍会面临很大的风险。

机器人则不在乎这些困难。机器人与人最大的不同在于，机器人是可以被“牺牲”的。它们可以为某次太空任务专门设计并批量生产，前赴后继地完成一个使命，损毁或失踪并不带来伦理道德方面的难题。而且，机器人的生存需求远比人类简单，它们有电就可以工作。而围绕着人，载人航天工程师们需要创造一个自给自足的小生态环境，氧气、水、食物、卫生设备乃至娱乐用品都是必需的。在航天发射尚处于“斤斤计较”的时代，把人和小环境送入太空要比单纯发射一个自动机器耗费更多的火箭燃料。

除了不会得空间运动病而眩晕呕吐，不必每隔几小时就回飞船休息一下之外，机器人比宇航员更大的优势在于它们能比人类更好地完成单调、繁重、精细的工作。

以工作在国际空间站上的Dextre机器人为例，它的每只手臂有7个关节，它的手（其实就是夹子）安装了内置管钳、摄像机和灯。它可以用人类永远也达不到的精度和力量快速移动质量达几吨的卫星（在轨道上，物体没有重量，但有惯性，所以这并不容易）。带着厚厚手套的宇航员会发现进行细微操作时很吃力，在耀眼阳光下看清操作对象也很费眼力，而机器人则可以用自带的专用工具在真空中完成一切精密操作。

人因为疲劳或情感波动会有疏忽的时候，会犯错误。在太空中，某些失误可能是致命的。但只要指令得当，程序稳定，机器人永远不会出错。它们不会忘记在执行任务前给自己充好电，也不会粗心把工具遗忘在太空变成轨道垃圾，而这些都是宇航员曾出现过的失误。

人超越机器人的最大特点在于人能够自主思维，而机器人往往拘泥于事先编制的程序。太空作业情况瞬息万变，以不变的程序应对万变的事态肯定不行，这也是迄今为止所有发射的无人太空探测器都要由地面人员进行遥控的原因。类似探测火星的长距离太空飞行中肯定会产生不少细节问题，而仅仅依靠事先设定程序的机器人根本无法应付各种突发事件。正如华盛顿大学太空政策研究所约翰·罗格斯顿所说：“我可以命令一个机器人为我端一杯咖啡，但它却会因为不懂得跨过地上的一张小纸片而摔个脚朝天。换句话说，机器人的应变能力有限。”

太空机器人的身份

也许有一天人工智能可以具备与人差不多的学习能力和思维能力，届时机器人从身体到智慧就会全面适应太空生活，远远凌驾于人类之上。但这也带来问题：这样具有复杂思维乃至情感的机器人还能被简单地看作“机器”吗？派“它们”去冒险是否不那么道德？也许只有科技发展到那个地步，这些问题才能有答案。

有些太空任务已经被机器人做得很好，没有必要用人代替。目前，太空中正在运行的无人航天器数以百计，执行的任务不下千种。通信卫星将地球的各个角落连为一体；气象卫星随时监测气压的升降、湿度的变化、台风的路径；导航卫星不但指引着远海中的巨轮，也为城市中的汽车引领方向；资源卫星能揭示沙漠之下的矿藏或估算农作物产量。随着微电子学的发展，在不久的将来，卫星的体积将变得更小，而功能更为强大。它们都可以看作是具有专门功能的太空机器人，比用宇航员执行相同的任务更省钱。

但是没有不出故障的机器。在近地轨道上，宇航员尚可以随时上天进行太空行走，维修如哈勃太空望远镜这样的精密仪器。若是机器人在遥远的行星乃至太阳系外执行任务，万一需要更换部件，不但宇航员难以及时赶到，就算是承载人类指令的电磁波也需要时间才能传到目标。这期间什么事情都可能发生。

从控制者的角度看，与被控制物越接近越好。现在遥控火星车已经出现了不容忽视的信号延迟问题，将来机器人在遥远的小行星上采矿、抽取土卫六（泰坦星）上的甲烷时又该怎么办？不可能所有的指令都由地球发出。可行的办法是把宇航员送到安全距离内，建立“前线指挥部”，发挥人类的智慧与应变力，充当身处险地的机器人的“外脑”。

如果真的造出能与人类宇航员媲美的人工智能机器人，还有一个问题摆在航天机构的面前：机器人能否像人类宇航员一样吸引公众的注意？我们都明白，只有人类参与到太空探索中时，这个太空项目才会被高度重视起来。正是因为人类宇航员的参与，加加林首次进入太空和阿姆斯特朗登月的行为在几十年后的今天仍为人们津津乐道。试想，有多少人记得第一个软着陆月球的无人探测器（“月球9号”，1966年）或第一个登陆火星的无人探测器（“海盗号”，1976年）呢？但是在21世纪，首次登上火星或小行星的地球人将成为众人称颂的英雄。我们无法预言这位航天英雄的国籍和性别，但可以肯定的是，在这位创造历史的宇航员背后，一定有着默默支持任务成功的人工智能。

碳／硅文明的宇宙使命

人类不会永远生活在摇篮里，好奇心和使命感驱动我们小心翼翼地飞出地球，探索和开发宇宙。为稳妥起见，在人类亲自探索未知之地以前，总要先派机器人探查一番。当年登月是这样，以后人类登陆火星或小行星也将如此。太空探索时代的人与机器人，就像《星球大战》中的“天行者”卢克与R2D2一样，将是最佳拍档。

太空机器人回答了那个古老的问题：“人类在宇宙中是唯一的吗？”科幻作家阿瑟·克拉克在小说《与拉玛相会》中描绘的“拉玛飞船”仿佛就是由人工智能控制的，它匆匆造访了太阳系，掠过了有智慧生命存在的地球，未作停留便驶向下一个目标。或许，未来的太空探测器也会采用“拉玛飞船”的模式，不载人、不停留地尽可能考察更多的星球，只有寿命近乎无限的人工智能才能完成这一壮举。一代代的人类科学家所做的，就是接收整理该飞船传回的考察信息。

甚至，当人类迷失自我时，忠于程序的人工智能可以力挽狂澜，扶文明大厦于将倾。刘慈欣曾在科幻小说《三体》中预言，“当人类真正流落太空时，极权只需五分钟”。

人工智能会成为未来人类文明的守护者吗？就像阿西莫夫在小说《机器人与银河帝国》中描绘的那样？这个问题在1951年的科幻电影《地球停转之日》中就得到了回答：来自外星的飞碟中有一个机器人保镖，它眼中发出的死光把人类的坦克像奶酪一样切开，忠实地保护着外星主人的安全。随着科技的进步，未来的人类一定能造出这样智慧且威力强大的人工智能，它们作为人类的工具与朋友，和人类并肩前进，迈入未知的宇宙。从这个意义上说，太空机器人R2进入国际空间站是它自己的一小步，但对于未来的“碳／硅文明”而言是巨大的飞跃。

第二十三章

如何成为适宜宇宙航行的人类

载人航天飞行的潜在危险从来如影随形，时刻威胁着宇航员的健康乃至生命。在太空中，没有了地球引力和地球磁场的保护，宇航员的生理受到严峻挑战。虽然宇航员堪称人中龙凤，有着万里挑一的身体素质和心理素质，但这些心理素质和身体素质都是在地面环境中形成的，并不一定能够应对太空中复杂恶劣的环境。

高速翱翔、自由飘浮、与世隔绝的宁静、飞往深空……这些看似浪漫的字眼其实隐含着杀机。根据在太空生活时间长度的不同，宇航员要面临的太空健康问题依次有空间运动病、生物钟紊乱、骨钙流失与肌肉萎缩、心理问题等。

不少科幻作家都选择让宇宙飞船的乘客进行冬眠，以度过漫漫航程，毕竟不是所有人都能忍受前途未卜的漫漫旅程。

1492年8月8日，哥伦布率3艘帆船远征，随着时间流逝，思乡病和败血症开始蔓延，水手们频频闹事，想回家。到了10月，哥伦布也焦虑起来，他发誓如果3天内看不到陆地就返航。幸好不久陆地就出现在天边，使他们从绝望中摆脱出来。

人类第一次飞向火星时，也许和哥伦布面临的挑战相似。载人火星任务要求宇航员在狭小的飞船内，在失重状态下忍受长达一年半的寂寞航程。失重会使人头脑昏沉，失去方向感。而且，绝大多数宇航员初上太空都会产生视力下降，嗅觉、味觉迟钝等症状。最无法消除的还是远离家园的孤独感和狭小空间的幽闭感以及辐射。此外，在微重力状态下人体会骨质丢失，每飞行100天骨质丢失可达10%，这就意味着宇航员完成火星之旅后有可能瘫痪。

科技的进步不断解决着长期困扰宇航员的健康问题，但太空技术的进步又会给宇航员增添新的烦恼。比如，持续一周的航天飞机飞行允许宇航员在回到地球后使用新的抗生素治疗突发的皮肤感染，而在更长的火星之旅中，细菌产生的耐药性会摧毁宇航员的健康。又如，在长期的太空飞行中，宇航员需要掌握一些外科手术的能力，但火星与地球的通信延迟长达20分钟，要进行远距离外科手术指导几乎是不可能的。

人类难免会因为疲惫或情绪波动而犯错误，但机器人只要指令和程序正确，是极少出错的。机器人不但延伸了人类的肢体，而且具有人脑不及的高速运算能力。干脆，把宇航员变成机器人怎么样？或者说，使他们具有某些机器人的特质，如强大的记忆力、计算能力、力量与耐力等。

美国国防部高级研究计划局有一个雄心勃勃的计划：让士兵在战斗中拥有和某些动物类似的特殊能力。例如，大雁通过调节血红蛋白可以连续飞行5天而不吃不喝，在体内植入一个小装置可以让士兵具备相同的能力；海狮身上有“潜水反射”系统，在水深变换时可以降低心率并将血流引向心脏。利用仿生学原理，在生理指标上得到提升的战士可以弥补装备的不足：比如使用同样的潜水装备，潜水员可以下潜得更深更久，战斗机飞行员可以承受更大过载，做出更高机动性的飞行动作。

同理，宇航员可以通过类似的生物工程改造机体，减少耗氧量、缩小体积（降低食物消耗）、提高机体强度（以耐受高加速度），使之更适合星际飞行的需要。当然，这个过程必将面临大量的科学伦理问题。当任务结束回到地球后，宇航员还能变回正常人吗？利用外力增强机能获得优于他人的竞争优势，是否公平？

即便实现了人体改造，血肉之躯仍显得脆弱。物理损伤、化学损伤都会造成生命的意外中止。其实人最重要的部分是思维，由于信息复制与贮存的便捷，许多科幻作家认为将人类思维电子化是人类终极的永生之道。也许，到未来“脑机接口”实现后，宇航员不必以身犯险，把思维上传到遥远太空中的机器人电脑里即可执行任务，此时的太空机器人就相当于拥有活人思维的“提线木偶”。

在解决上述问题之前，人类仍是血肉之躯，情感波动依然剧烈，特别是在太空这个险恶之地。

1996年至1997年，一位美国宇航员在“和平号”空间站上工作了4个月后，表现出恼怒、失眠及畏难退缩等心理症状，这些症状随着工作的逐渐增加而进一步恶化。

美国南加州大学人类学和预防医学教授帕林卡斯认为，对于长期的太空任务，理想的宇航员人选应该是30岁以上，情绪稳定，无精神沮丧或神经质倾向历史的人，他们最好还是“善于社交的内向者”，这样他们既能与他人和谐共处，又不至于过分奉承他人。帕林卡斯教授谈及执行短期太空任务的宇航员时说：“他们大多好胜，执着于任务的成功。当目标没有实现，或任务无法完成时，他们会变得非常沮丧。”因此，执行长期太空任务的宇航员必须勇于面对失败，并“对缺乏成就具有高容忍度”。

但是不管事先心理准备得如何，经过何种选拔和训练，飞行30天后，乘员之间都可能产生敌意。一名苏联宇航员曾说：“太空的共同飞行不会是宁静的，我们在飞行中会有意见分歧，甚至对我的同事极为恼怒。但在失重状态下站立不稳，想打人都很困难，有时即使感到灰心丧气也没办法，只觉得非常疲劳，常不知哪件事会引起争论。”

无论是重返月球还是登陆火星，未来的太空任务都将比空间站生活更为复杂，宇航员挤在小小的金属罐子中与世隔绝的时间也更长。如何为宇航员解闷呢？

基于网络的虚拟现实技术有望解决这一问题，美国宇航局认为，通过高清摄像机、博客和社交网络，亲朋好友会在飞往火星的宇航员面前展现出最真实的生活内容，实现“朝夕相处”。同时，宇航员的每一个动作都会被摄像机拍下，给家人观看。家人的反馈可帮助火星探险者克服孤独、厌倦和紧张心理。

侍弄花草也可以舒缓压力。科学家计划让宇航员在漫长的火星之旅中自己种菜。这样不但可以调剂生活，还能减少从地球上带去的给养，节约发射费用。能够在太空运行的微型人造温室也在开发之中。

此外，太空舱设计师还从改善太空生活条件入手营造正面的心理暗示。例如，把舱内壁涂上柔和的颜色，各种摆设按家庭生活环境布置，使宇航员有生活在家里的感觉；在挑选乘员时，尽量选择具有不同国籍、民族特征、宗教信仰、文化背景的人，让彼此间有更多的新鲜感，不至于让漫长的旅行变得过于无聊。

还有科学家提出了一些颇具科幻色彩的解决之道。比如，欧洲航天局提出，让宇航员在漫长的旅行中处于“冬眠”状态，这样既可解决他们的心理问题，又能减少食物的储备。不过，宇航员们似乎对此并不领情。他们说：“我更愿意醒着去火星，那才会成为一次充满乐趣的太空之旅。”

也许最难忍受的是与地球文化的隔离。在未来的首次火星载人任务中，4位宇航员要在有致命风险的太空环境里飞行大半年，然后在陌生的星球度过一段艰难的日子。对参与者而言，这确实是个不小的心理挑战。

衣食住行都是技术活。比如，穿衣要固定好身体，以免“飘”走；睡前需固定好睡袋，以免睡着后在舱内飘荡

在舱内活动，任何接触造成的反推力都能轻松把人弹开，要学会手脚并用地固定身体

直接参与的实验多：首次由航天员直接操作的空间材料制备实验、首次“从种子到种子”的空间植物培养实验等等

只有2名航天员，任务期达33天，对心理素质要求更高

在特殊的太空环境下，人的心血管、肌肉、骨骼会发生变化，甚至病变

既要担任驾驶员、科学家，又要充当医生、工程师

“神舟十一号”航天员在太空面临的挑战

科幻作家阿西莫夫在小说《赤裸的太阳》中虚构了这样一支人类的后裔：他们在遥远的太阳系外行星上离群索居，彼此距离甚远，老死不相往来。他们平时交流沟通全靠电话和邮件，以至于面对面交流变成一种没有礼貌的行为。这部小说探讨的是少数人与主流社会在物理上隔绝后，会产生何种奇特的亚文化。

人类学家曾在地球的偏僻角落发现各式原住民，他们有着现代人难以理解的风俗与行为。如果将来火星基地和世代宇宙飞船得以实现，太空人类学家们又会多了一种“地外人”可供探查。只不过这些田野考察不是在热带雨林中进行，而是在冰冷的飞船甲板上开展；被考察者服从的也不再是头戴面具的萨满巫师，而是手持便携电脑的飞船舰长。他们吃着人工环境生产的食物，创造着自己的文化及娱乐，整天与机器和人工智能为伴，窗外是火星尘暴或漫天星斗。

可以想象，“地外人”的生活与文化将与地球人极其不同。但无论我们在空间上相距几何，不会改变的是我们体内相同的生物基因，以及孕育了我们的地球母亲。这颗蓝色星球将永远是人类共同的心灵港湾。